绿色水产养殖典型技术模式丛书

水产养殖尾水处理技术模式

SHUICHAN YANGZHI WEISHUI CHULI JISHU MOSHI

全国水产技术推广总站 ◎ 组编

中国农业出版社
北 京

图书在版编目（CIP）数据

水产养殖尾水处理技术模式 / 全国水产技术推广总站组编. —北京 ：中国农业出版社，2022.6（2023.8 重印）
（绿色水产养殖典型技术模式丛书）
ISBN 978-7-109-29617-6

Ⅰ.①水… Ⅱ.①全… Ⅲ.①水产养殖－污水处理－研究 Ⅳ.①S96②X714

中国版本图书馆 CIP 数据核字（2022）第 111318 号

中国农业出版社出版
地址：北京市朝阳区麦子店街 18 号楼
邮编：100125
策划编辑：武旭峰　王金环
责任编辑：弓建芳　王金环
版式设计：杜　然　　责任校对：周丽芳
印刷：北京通州皇家印刷厂
版次：2022 年 6 月第 1 版
印次：2023 年 8 月北京第 2 次印刷
发行：新华书店北京发行所
开本：700mm×1000mm　1/16
印张：13.5　　插页：2
字数：280 千字
定价：58.00 元

本书编写人员

主　编：崔利锋　陈学洲　顾志敏

副主编：原居林　刘兴国　李明爽

参　编（按姓氏笔画排序）：

么宗利　王　俊　王紫阳　尹相菡　邓红兵

石　伟　叶晓明　曲克明　刘　梅　刘　巍

李　斌　吴　敏　宋向果　张家华　张朝阳

陈智兵　顾兆俊　倪　蒙　高浩渊　郭财增

崔正国　梁勤朗　蒋　军　蒋礼平　魏　涛

EDITORIAL BOARD

丛书序
Preface

■ ■ ■

绿色发展是发展观的一场深刻革命。以习近平同志为核心的党中央提出创新、协调、绿色、开放、共享的新发展理念，党的十九大和十九届五中全会将贯彻新发展理念作为经济社会发展的指导方针，明确要求推动绿色发展，促进人与自然和谐共生。

进入新发展阶段，我国已开启全面建设社会主义现代化国家新征程，贯彻新发展理念、推进农业绿色发展，是全面推进乡村振兴、加快农业农村现代化，实现农业高质高效、农村宜居宜业、农民富裕富足奋斗目标的重要基础和必由之路，是“三农”工作义不容辞的责任和使命。

渔业是我国农业的重要组成部分，在实施乡村振兴战略和农业农村现代化进程中扮演着重要角色。2020 年我国水产品总产量 6 549 万吨，其中水产养殖产量 5 224 万吨，占到我国水产总产量的近 80%，占到世界水产养殖总产量的 60%以上，成为保障我国水产品供给和满足人民营养健康需求的主要力量，同时也在促进乡村产业发展、增加农渔民收入、改善水域生态环境等方面发挥着重要作用。

2019 年，经国务院同意，农业农村部等十部委印发《关于加快推进水产养殖业绿色发展的若干意见》，对水产养殖绿色发展作出部署安排。2020 年，农业农村部部署开展水产绿色健康养殖“五大行动”，重点针对制约水产养殖业绿色发展的关键环节和问题，组织实施生态健康养殖技术模式推广、养殖尾水治理、水产养殖用药减量、配合饲料替代幼杂鱼、水产种业质量提升等重点行动，助推水产养殖业绿色发展。

为贯彻中央战略部署和有关文件要求，全国水产技术推广总站组织各地水产技术推广机构、科研院所、高等院校、养殖生产主体及有关专家，总结提炼了一批技术成熟、效果显著、符合绿色发展要求的水产养殖技术模式，编撰形成“绿色水产养殖典型技术模式丛书”（简称“丛书”）。“丛书”内容力求顺应形势和产业发展需要，具有较强的针对性和实用性。“丛书”在编写上注重理论与实践结合、技术与案例并举，以深入浅出、通俗易懂、图文并茂的方式系统介绍各种养殖技术模式，同时将丰富的图片、文档、视频、音频等融合到书中，读者可通过手机扫描二维码观看视频，轻松学技术、长知识。

“丛书”可以作为水产养殖业者的学习和技术指导手册，也可作为水产技术推广人员、科研教学人员、管理人员和水产专业学生的参考用书。

希望这套“丛书”的出版发行和普及应用，能为推进我国水产养殖业转型升级和绿色高质量发展、助力农业农村现代化和乡村振兴作出积极贡献。

丛书编委会

2021 年 6 月

前言
Foreword

■■■

当前，我国水产养殖受土地、水等自然资源和生态环境的约束日益增强，产业发展空间和潜力受到很大影响。加快推进水产养殖绿色发展，提高资源利用率和产业综合效益，处理好产业发展与生态环境保护的关系，是现代水产养殖业发展的必然选择。2019年，经国务院同意，由农业农村部等十部委联合印发的《关于加快推进水产养殖业绿色发展的若干意见》明确指出，要将绿色发展理念贯穿于水产养殖生产全过程，大力实施池塘标准化改造，完善循环水和进排水处理设施，支持生态沟渠、生态塘、潜流湿地等尾水处理设施升级改造，探索建立养殖池塘维护和改造长效机制。为加快推进水产养殖业绿色发展，促进产业转型升级，农业农村部决定从2020年起实施水产绿色健康养殖技术推广"五大行动"，养殖尾水治理模式推广行动为"五大行动"之一。

为更好地指导各地开展养殖尾水治理模式推广行动，让全国水产技术推广工作者和广大养殖业者了解和掌握养殖尾水处理技术，进一步开阔视野、拓展思路，推动水产养殖业转型升级、绿色发展，我们组织有关专家在系统梳理目前养殖尾水处理技术的基础上，结合部分地区生产实践情况编写了《水产养殖尾水处理技术模式》，作为"绿色水产养殖典型技术模式丛书"之一。

本书聚焦水产养殖尾水处理技术模式，重点介绍了连片池塘工程化养殖尾水处理技术模式、“池塘＋人工湿地”尾水处理技术模式、池塘底排污养殖尾水处理技术模式、池塘流水槽养殖尾水处理技术模式、“流水槽＋稻田”尾水处理技术模式、“集装箱＋池塘”尾水处理技术模式、工厂化循环水处理技术模式等7项典型技术模式，同时筛选推出了一批典型案例。希望本书的出版能为水产养殖主产区和养殖者开展养殖尾水处理、实现尾水资源化利用和达标排放提供借鉴和帮助，从而推进产品优质、产地优美、装备一流、技术先进的绿色健康养殖骨干基地和生态养殖示范区的打造，为水产养殖业绿色高质量发展和现代化建设做出积极贡献。

本书编写分工：第一章由陈学洲、刘兴国编写，第二章、第三章由原居林、顾志敏、刘梅、倪蒙编写，第四章由刘兴国、顾兆俊、张家华编写，第五章由邓红兵、王俊、梁勤朗、宋向果、蒋礼平编写，第六章由蒋军、吴敏、魏涛、叶晓明编写，第七章由李斌、张朝阳、郭财增、刘巍、石伟编写，第八章由么宗利、李明爽、尹相菡、陈智兵、高浩渊、王紫阳编写，第九章由曲克明、崔正国编写，第十章由刘兴国、陈学洲编写，附录部分由李明爽、高浩渊、王紫阳收集整理。全书由崔利锋策划、统筹、审定，陈学洲统稿，顾志敏合稿。

当前，农业科技发展日新月异，现代水产养殖技术模式升级迭代加快，水产养殖尾水处理技术模式也在不断发展，对绿色、先进、实用的关键技术集成熟化也是一个不断完善、深化的过程。由于编者水平有限，书中不妥之处在所难免，敬请广大读者批评指正。

编　者

2022年3月

目　录
Contents

丛书序
前言

第一章　水产养殖及水产养殖尾水处理概述　/ 1

第一节　水产养殖尾水的概念　/ 1
第二节　水产养殖尾水处理的必要性　/ 4
第三节　我国水产养殖尾水处理现状　/ 7
一、“池塘+人工湿地”尾水处理　/ 8
二、“三池两坝”尾水处理模式　/ 9
三、池塘底排污尾水处理模式　/ 9
四、池塘流水槽养殖尾水处理模式　/ 10
五、“流水槽+稻田”尾水处理模式　/ 10
六、多营养层级序批式养殖模式　/ 10
七、池塘圈养模式　/ 11
第四节　国外水产养殖尾水处理主要做法　/ 12
一、国外水产养殖尾水处理情况　/ 12
二、主要做法、经验　/ 13

第二章　水产养殖尾水处理技术综述　/ 15

第一节　污水处理技术原理　/ 15
一、物理法　/ 15
二、化学法　/ 16
三、生物法　/ 18

第二节　水产养殖尾水处理主要技术 / 18
一、物理技术 / 18
二、化学技术 / 20
三、生物技术 / 20
第三节　水产养殖尾水处理主要应用技术 / 21
一、“三池两坝”技术 / 21
二、池塘工程化分区净化技术 / 22
三、稻渔共作尾水处理技术 / 22
四、池塘养殖底排污尾水处理技术 / 22
五、人工湿地净化技术 / 22
六、工厂化设施净化技术 / 23

第三章　连片池塘工程化养殖尾水处理技术模式 / 24

第一节　模式简介 / 24
一、“三池两坝”模式概念 / 24
二、“三池两坝”模式优缺点 / 24
三、“三池两坝”模式应用范围和规模 / 24
第二节　技术原理 / 25
第三节　技术要点 / 25
一、工程设计与施工 / 25
二、管理维护 / 28
第四节　处理效果 / 30
一、示范点选择 / 30
二、监测时间及方法 / 30
三、处理效果评价 / 31
第五节　典型案例 / 33
一、基本情况 / 33
二、技术应用 / 34
三、养殖情况 / 34
四、综合效果 / 35

第四章　“池塘＋人工湿地”尾水处理技术模式 / 36

第一节　模式简介 / 36
第二节　技术原理 / 37

一、人工湿地 / 37
二、生态沟渠 / 38
三、生物塘 / 39
第三节 技术要点 / 41
一、人工湿地规划建设要求 / 42
二、人工湿地的设计要求 / 42
三、湿地植物 / 46
四、注意事项 / 48
第四节 处理效果 / 48
一、潜流湿地净化效果 / 49
二、生态沟渠净化效果 / 50
三、生态塘净化效果 / 50
四、系统节水与减排分析 / 51
第五节 应用范围 / 52
第六节 典型案例 / 55
一、建设内容与目标 / 55
二、主要技术工艺 / 55
三、尾水处理效果 / 59
第五章 池塘底排污养殖尾水处理技术模式 / 61
第一节 模式简介 / 61
一、模式概念 / 61
二、国内外池塘尾水管理现状及底排污尾水处理的优势 / 61
三、技术简介 / 62
四、增产效果 / 63
五、适用范围 / 64
第二节 技术原理 / 64
一、池塘底排污技术 / 65
二、固液分离技术 / 65
三、多级生态处理技术 / 68
四、有机废弃物资源化利用 / 69
第三节 技术要点 / 70
一、池塘底排污技术要点 / 70
二、固液分离技术要点 / 75

三、多级生态处理技术 / 76
四、有机废弃物资源化利用技术 / 77
第四节　处理效果 / 78
一、各类技术处理效果 / 78
二、底排污技术处理效果实例研究 / 81
第五节　应用范围 / 89
一、不同类型淡水池塘建设 / 90
二、丘陵地区、平原地区底排污建设 / 90
三、不同地区增氧设备配备 / 91
四、不同地区排污口数量 / 92
第六节　典型案例 / 93
一、主养鲇池塘底排污尾水处理养殖案例 / 93
二、长吻鮠底排污尾水处理养殖案例 / 97

第六章　池塘流水槽养殖尾水处理技术模式 / 101

第一节　模式简介 / 101
第二节　技术原理 / 102
第三节　技术要点 / 105
一、池塘流水槽尾水处理系统的设计与建造 / 105
二、池塘流水槽养殖系统的管理 / 111
三、饲养管理 / 113
四、捕捞管理 / 118
第四节　处理效果 / 118
第五节　应用范围 / 119
第六节　典型案例 / 120

第七章　“流水槽＋稻田” 尾水处理技术模式 / 124

第一节　模式简介 / 124
一、模式概述 / 124
二、发展历程 / 126
三、创新形成复合型新模式 / 128
第二节　技术原理 / 130
第三节　技术要点 / 131
一、流水槽养鱼设施建设及生产管理 / 131

二、稻渔共作工程建设及种养管理 / 133
三、尾水处理 / 135
第四节　处理效果 / 136
一、经济效益 / 136
二、生态效益 / 137
三、社会效益 / 138
第五节　应用范围 / 139
第六节　典型案例 / 140
一、基本情况 / 140
二、技术应用 / 142
三、综合效果 / 144
四、三产融合发展 / 147
第八章　“集装箱＋池塘”尾水处理技术模式 / 151
第一节　模式简介 / 151
第二节　技术原理 / 152
第三节　技术要点 / 153
一、三级生态池养殖尾水处理技术 / 153
二、残饵、粪污收集及资源化处理技术 / 154
三、智能化水质监控技术 / 155
第四节　处理效果 / 155
第五节　应用范围 / 156
第六节　典型案例 / 157
一、江西萍乡案例 / 157
二、湖北武汉案例 / 159
三、安徽太和案例 / 161
第九章　工厂化循环水处理技术模式 / 165
第一节　模式简介 / 165
第二节　技术原理 / 166
第三节　技术要点 / 167
一、设计与构建原则 / 167
二、水处理技术 / 167
三、水处理装备 / 173

四、水处理工程设计 / 178
第四节　处理效果 / 181
一、鱼类循环水处理系统 / 181
二、对虾循环水处理系统 / 182
三、海参循环水处理系统 / 183
四、鲍循环水处理系统 / 184
第五节　应用范围 / 185
一、系统集成优化 / 185
二、示范应用 / 187
第六节　典型案例 / 190
一、莱州明波水产有限公司循环水处理系统 / 190
二、海阳市黄海水产有限公司循环水处理系统 / 191

第十章　水产养殖尾水处理技术发展趋势与对策建议 / 193

第一节　面临的主要问题 / 193
一、基础研究较少，技术支撑弱 / 193
二、设施设备落后，生产效率低 / 193
三、养殖模式粗放，经济效益低 / 194
第二节　前沿与发展趋势 / 194
第三节　对策与建议 / 195
一、科学规划养殖水域，开展尾水排放调查评估 / 195
二、因地制宜地实施尾水治理，分步推进治理规划 / 196
三、依靠科技推进尾水治理，优化提升养殖设施系统 / 196
四、多元谋划资金投入，全面调动尾水治理积极性 / 196

附录　相关政策、法律法规、标准 / 197

参考文献 / 199

第一章 水产养殖及水产养殖尾水处理概述

第一节 水产养殖尾水的概念

水产养殖是人类利用适宜水域，按照养殖对象的生态习性和对水域环境的要求，运用水产养殖技术和设施，养殖水产经济动植物的生产活动。联合国粮食及农业组织（FAO）将水产养殖定义为：从事鱼类、软体动物类、甲壳类及水生植物等水生生物的养殖活动。21 世纪以来，全球水产养殖产业快速发展，成为最具发展潜力的产业。FAO 预计：到 2030 年全球水产总产量将达到 2.01 亿吨，其中主要增产部分来自水产养殖。我国是世界上最大的水产养殖国。自 1949 年以来，我国水产养殖快速发展，养殖总产量从 1950 年的 31.91 万吨增长到 2020 年的 5 224.2 万吨，70 年来平均年增长超过 7.6%，成为渔业产业中增长最快的生产方式。

水产养殖要消耗大量的水资源，养殖用水可能来自江河、湖泊、水库、地下、海洋等。一方面，水产养殖用水特别是淡水的稀缺性制约着水产养殖生产的规模、质量和效益；另一方面，水产养殖尾水的排放可能对周边水域环境造成一定的负面影响。因此，对水产养殖尾水（水产养殖过程中使用过的水）进行必要的净化处理，对处理后符合条件的水进行循环再利用，或达到规定的排放标准后排放到养殖环境之外，不仅可以实现水资源的节约和高效利用，还可以避免对周边生态环境造成不良影响，对水产养殖可持续健康发展具有重要意义。

我国水产养殖的主要形式有池塘养殖、工厂化养殖、大水面增养殖、稻渔综合种养、网箱养殖、浅海滩涂养殖等，其中池塘养殖是最主要的生产方式，也是养殖水环境污染较重、尾水处理紧迫性最强的养殖方式。我国池塘养殖具有悠久的发展历史，在殷商末期和西周初期已有记载，是最主要的鱼类养殖生产方式，江浙一带还形成了“桑基鱼塘”典型的养殖模式。我国的高效池塘养殖起步于20世纪80年代。随着1985年“以养为主”渔业发展方针的确立、水产品市场的放开和人工育苗、配合饲料、机械增氧等技术装备的推广普及，各地利用政策扶持、银行贷款等有利条件，大规模新（改）建鱼池，建立了众多的商品鱼基地。我国池塘养殖亩*产量由几十千克增加到几百千克甚至几吨；养殖品种和方式由四大家鱼（青鱼、草鱼、鲢鱼、鳙鱼）混养，发展为四大家鱼及鲤、鲫、鳊、鲂、罗非鱼、乌鳢、鲇、鳜、鲈、虾、蟹、龟、鳖等上百个品种的池塘单养或混养。据统计，至2020年底，全国有海淡水养殖池塘303.69万公顷，养殖产量2 537.14万吨，分别占全世界和全国水产养殖总量的40%和49%。

在保障水产品有效供给的同时，池塘养殖基础设施薄弱、池塘老化、水处理设施普遍缺乏的短板也逐步暴露出来，影响了养殖水域环境和水产品质量安全；尾水未经处理直接外排，因此池塘养殖的尾水也成为湖泊及部分近海富营养化的氮、磷来源之一。以大宗淡水鱼养殖为例，投放的饲料中有10%～20%未能被摄食，被摄食的饲料中仅有20%～25%的氮和25%～40%的磷用于养殖对象生长，75%～80%的氮和60%～75%的磷排入周边水体。在养殖池塘的底质土壤中，总氮、总磷和有机质含量也分别超过自然土壤的7、1.5和4倍以上，淡水养殖中每生产1 000克渔获物可产生162克有机废物，其中包括50克蛋白质、31克脂质、81克碳水化合物，这些废物将会产生30克总氮、7克总磷。池塘中饲料氮输入占90%～98%，饲料磷输入占97%～98%。

2010年环境保护部、国家统计局、农业部联合发布的《第一次全国污染源普查公报》显示，2007年全国农业源（不包括典型地区农村生活源）中，水产养殖业的主要水污染物排放量为化学需氧量55.83万吨、总氮8.21万吨、总磷1.56万吨、铜54.85吨、锌105.63吨，分别占农业污染的4.22%、3.04%、5.48%、2.24%和2.17%。2020年生态环境部、国家统计局、农业农村部联合发布的《第二次全国污染

* 亩为非法定计量单位，15亩=1公顷，下同。——编者注

源普查公报》显示，2017 年全国水污染物排放量中，水产养殖业的水污染物排放量为化学需氧量 66.60 万吨、氨氮 2.23 万吨、总氮 9.91 万吨、总磷 1.61 万吨，分别占水污染物排放量的 3.11%、2.31%、3.26%、5.1%。单位水产品养殖产量的排污强度分别为化学需氧量 13.6 千克/吨、氨氮 0.45 千克/吨、总氮 2.02 千克/吨、总磷 0.33 千克/吨。与第一次全国污染源普查结果相比，2017 年全国水产养殖业的化学需氧量、总氮和总磷的单位产量排放强度分别降低了 20.0%、23.8%和 30.7%。

我国水产养殖的持续快速发展，既有值得总结的宝贵经验，也有需要反思的挫折教训。从发展过程看，我国水产养殖是在依赖和大量消耗水资源并牺牲局部水域生态环境基础上发展起来的，与资源节约、环境友好和全面协调可持续发展的要求还不相适应，与现代渔业的目标还有一定差距。近年来，针对水产养殖存在的环境污染问题，全国渔业系统把加快推进渔业绿色发展作为中心工作，通过推进转方式、调结构，推动水产养殖从量的增长到质的提升，促进水产养殖业绿色高质量发展。

在政策与标准方面，2019 年，农业农村部等十部委联合发布了《关于加快推进水产养殖业绿色发展的若干意见》。2020 年，农业农村部决定实施水产绿色健康养殖技术推广“五大行动”。2022 年发布的《生态环境部、农业农村部关于加强海水养殖生态环境监管的意见》，要求地方根据相关工作部署，因地制宜组织编制地方水产养殖业水污染物排放控制标准。与此同时，生态环境部门即将出台《地方水产养殖业水污染物排放控制标准制订技术导则》，用于指导和规范各地因地制宜出台地方排放控制标准，精准开展地方水产养殖业污染防治工作。

在技术标准规范方面，我国先后制定和完善了一批行业和地方标准，为推进水产养殖绿色发展和有效降低水产养殖尾水排放对环境污染提供了技术支撑。2018 年农业农村部渔业渔政管理局提出并组织专家对《淡水池塘养殖水排放要求》（SC/T 9101—2007）和《海水养殖水排放要求》（SC/T 9103—2007）进行了修订。同时，组织制定了《水产养殖设施　名词术语》（SC/T 6056—2015）、《淡水养殖池塘设施要求》（SC/T 6048—2011）、《淡水池塘养殖小区建设通用要求》（SC/

T 6101—2020）、《淡水池塘养殖清洁生产技术规范》（SC/T 6102—2020）、《水产养殖场建设规范》（NY/T 3616—2020）等系列标准和规范，为推动养殖尾水治理、促进水产养殖绿色发展提供了支撑。

第二节　水产养殖尾水处理的必要性

养殖尾水排放到外界环境中易造成外部水体富营养化。在池塘养殖集中的地区，由养殖池塘尾水排放造成的污染已引起环保部门的关注。我国池塘养殖方式、养殖品种多，不同种类的养殖周期不同，即使同一种类，在不同地区养殖方式也不一致，排放差异很大。如在珠三角地区，池塘养殖草鱼的周期为 12 个月，而华东、华中地区为 30 个月，在西北、东北地区则需要 36 个月；其他种类如对虾的养殖周期为 10 个月，河蟹的养殖周期为 18 个月左右。

不同养殖品种的污染排放差异很大。目前，我国不同种类水产品排污系数之和的平均值为 52.98 克/千克，一般当水产品排污系数大于 100 克/千克时，表明养殖该类水产品存在污染风险，应关注该类水产品的养殖方式。长江流域（四川、湖南、湖北、江西、安徽和江苏）、珠三角地区（广东、广西）和沿海地区（浙江、福建和山东）是我国淡水水产养殖排污强度较高的区域，不但水产品养殖种类繁多，而且高排污水产品养殖量较大。从总排污量来看，大宗淡水鱼、青虾养殖污染物排放量最高，这与其养殖产量高、养殖范围广有直接关系。以大宗淡水鱼池塘养殖为例，池塘的污染物输出通量从高到低依次为化学需氧量（COD）、总氮（TN）、氨态氮（NH_4^+-N）、硝酸盐氮（NO_3^--N）、总磷（TP）和亚硝酸盐氮（NO_2^--N），其中 COD 和 TN 的输出通量约占总输出通量的 88.1%。我国淡水养殖种类综合排污系数见表 1-1。

表 1-1　我国淡水养殖种类综合排污系数

养殖种类	综合排污系数（克/千克）			
	总氮	总磷	化学需氧量	氨态氮
青鱼	7.66	1.40	32.76	2.98
草鱼	28.12	5.87	44.48	1.443

（续）

养殖种类	综合排污系数（克/千克）			
	总氮	总磷	化学需氧量	氨态氮
鲢（混养）	17.81	3.09	28.51	4.74
鳙（混养）	20.48	2.31	22.20	4.07
鲤	31.94	5.88	42.99	11.34
鲫	13.69	5.65	22.55	4.59
鳊鲂（鳊鱼）	8.30	0.64	6.35	0.54
泥鳅	8.10	0.58	73.09	6.70
鲇	30.81	3.44	74.24	3.64
鮰	34.71	3.66	72.12	2.62
黄颡鱼	26.61	3.45	71.24	1.44
鲑	21.77	4.54	9.07	4.54
鳟	21.68	4.26	8.88	4.26
河鲀	27.00	4.15	72.69	4.15
短盖巨脂鲤	19.84	3.85	28.51	6.94
长吻鮠	18.75	3.26	77.03	4.08
黄鳝	23.07	4.19	222.30	2.88
鳜	16.88	7.79	72.49	2.62
池沼公鱼	17.31	1.65	22.26	3.30
银鱼	3.89	0.49	22.39	0.97
鲈	85.17	15.83	187.70	22.03
乌鳢	72.36	12.34	174.50	25.30
罗非鱼	30.94	5.09	89.39	11.74
鲟	19.63	3.54	8.96	4.08
鳗鲡	33.14	7.69	177.30	4.44
罗氏沼虾	10.93	11.32	13.44	1.34
青虾	9.276	2.484	2.40	1.01
克氏原螯虾	12.93	3.077	2.46	3.21
南美白对虾	4.48	4.562×10^{-4}	32.88	0.50
河蟹	18.73	3.791	54.76	83.31
河蚌	51.81	4.434	60.89	0.65
螺	−18.30	−0.54	15.76	−0.27
蚬	−17.60	−0.41	15.14	−0.41

（续）

养殖种类	综合排污系数（克/千克）			
	总氮	总磷	化学需氧量	氨态氮
龟	22.91	3.59	39.47	2.76
鳖	23.01	3.517	39.42	2.76
蛙	23.01	3.549	39.36	1.61

养殖尾水排放具有富营养化、中低浓度、面源化、时间空间不确定性等特点，养殖品种、方式造成富营养性质差异大。中华鳖、黄鳝、鳜、乌鳢、鲈鱼、鳗鲡等是高排污养殖水产品。除富营养化问题外，水产养殖尾水污染还应重点关注因养殖带来的病毒、细菌、抗生素、重金属、难降解化合物、新型污染物等污染形式。然而，并不是所有水产养殖品种和养殖方式都会给水生态环境带来负面影响，鲢、鳙养殖可以消除水体中的富营养物质，全国每年养殖的鲢、鳙可移除水体中的氮 37 万吨、磷 14 万吨，净水效果是显著的。主要淡水养殖品种污染物排放情况见表 1-2。

表 1-2　主要淡水养殖品种污染物排放情况

种类	污染物排放量						养殖产量排名	排放总量排名
	总氧（$\times 10^4$吨）	总磷（$\times 10^4$吨）	化学需氧量（$\times 10^4$吨）	钢（吨）	锌（吨）	氨氮（$\times 10^4$吨）		
草鱼	15.119	3.155	23.915	25.931	142.338	0.776	1	1
鲢鱼	7.527	1.304	12.047	91.221	52.281	2.002	2	5
鳙鱼	6.559	0.741	7.112	8.328	81.033	1.302	3	6
鲤鱼	10.132	1.866	13.64	8.716	20.171	3.598	4	2
鲫鱼	3.788	1.564	6.242	44.958	−32.642	1.27	5	7
罗非鱼	5.255	0.865	15.182	8.535	−13.121	1.994	6	4
淡水珍珠	10.261	0.871	12.062	—	—	0.139	7	3

养殖池塘尾水治理集成工程、生态、生物、化学等领域技术，具有循环性、集约性、生态性等特点，可通过实现精细、精准、精确管理降低污染排放，在保障养殖产能基础上，推动传统养殖池塘改造，拓展水产养殖的生态和文化景观功能，促进水产养殖生产、生活、生态有机融合，为水产养殖业转型升级、帮助渔民增收、促进渔业兴旺奠定基础。开展养殖尾水治理有以下意义：①有利于推进绿色健康养殖，通过尾水治理牢固树立“绿水青山就是金山银山”理念，发挥渔

业在生态系统治理中的特有功能，改善水域环境，挖掘渔业减排增汇潜力，为实现碳达峰、碳中和做出渔业贡献。②有利于优化调整养殖生产力布局，落实“菜篮子”市长负责制，守住池塘养殖基本盘，建设生态和品质优良、产业融合发展的内陆生态养殖生产优势区。③有利于拓展水产养殖新空间，通过尾水治理，在充分保护现有养殖空间的基础上，科学拓展其他宜渔水域，科学合理利用稻田资源，稳步发展稻渔综合种养，提高低洼盐碱荒地渔业开发利用水平，推广节水、治碱水产养殖。④有利于实现数量质量并重，稳住水产品安全有效供给基本盘，推进渔业产业结构优化和融合发展，推动品种培优、品质提升、品牌打造和标准化生产，做到保数量、保多样、保质量。

“十二五”以来，为解决池塘养殖水质恶化、尾水污染、水产品品质下降等难题，科技部和农业农村部先后实施了国家科技支撑计划、国家重点研发计划、公益性行业（农业）专项、国家产业技术体系等系列科研项目，一些水产养殖重点省区也投入了大量的科研经费进行支持。通过十余年的研究，初步阐明了池塘尾水排放特征和污染机制，发明了“生态坡＋生态沟渠＋复合人工湿地”和“三池两坝”等尾水生态工程化净化设施系统，创建了以“污染防控、品质提升、模式升级”为核心的池塘高效养殖模式，制定了以“水、鱼、系统”为核心的池塘养殖清洁生产技术和规程；在全国建立了生态工程化循环水、池塘圈养、底排污、池塘多营养级复合、池塘湿地渔业、渔农综合、以渔治碱等绿色高效养殖模式，引领了全国池塘养殖绿色高效发展。但目前各地养殖尾水治理推动仍较为缓慢，据统计，截至 2021 年底，全国已完成池塘尾水治理总面积约 388.93 万亩，仅占我国现有池塘养殖总面积的 8.76％，仍有 90％以上的传统池塘没有养殖尾水处理设施。由于我国池塘养殖点多面广，相关技术的应用还存在问题，所以，进一步深入研究水产养殖尾水治理意义重大。

第三节　我国水产养殖尾水处理现状

养殖水体不仅是鱼类生活的场所，还是天然饵料的培育场地，同时也是有机物氧化分解的场所，所以多数养殖水体需要一定的富营养化水平。由于内陆水产养殖粗放，多年来人们并未重视养殖环境的管理。20世纪70年代以来，我国水产养殖遵循“整体、协调、再生、循环”的农业生态工程原理，充分运用生态平衡、物种共生、多生态位和多营养级利用、整体效应等生态学原理，优化养殖生态系统的结构和功能，采取一靠太阳能、二靠水体生产力、三靠复合农牧渔的原则，目的是解决水产养殖发展过程中可能产生的环境污染等问题，形成了具有立体养殖、渔农牧副工相结合、强化水体生物过程特点的池塘综合生态养殖模式。

进入20世纪90年代中期后，随着池塘养殖病害的不断暴发，人们开始重视池塘的环境问题，形成了高密度养殖条件下的养殖水质调控和尾水处理模式，取得了一定的效果。如李德尚、董双林等研究建立了虾池封闭式综合养殖系统。在该系统中，对虾-缢蛏-罗非鱼混养的产量（以等价的对虾计）提高了25.7%，投入氮的利用率提高了85.3%，减少了尾水中的氮磷排放。黄国强等设计了多池循环水对虾养殖系统。在该系统中，每个池塘既是养殖池又是水处理池，通过池塘间的调控维持了养虾池塘的水环境稳定，提高了水体中富营养物质的利用效率。冯敏毅等分别用微生态制剂、菲律宾蛤、江蓠进行池塘生态修复和构建健康养殖系统，发现单独采用任何一种生物修复都有不完善的地方，只有实施综合的调控方法才可能改善池塘环境，减少排放。

进入21世纪以来，申玉春研究了对虾高位池养殖的生态环境特征及其生物调控技术，排放量大大减少。杨勇研究了“渔稻共作”的生态环境特点。其后，李成芳、陈欣、刘其根等对稻渔综合种养进行了研究，为渔稻综合种养快速发展奠定了理论基础。在池塘生态工程化方面，李谷设计了一种复合人工湿地-池塘养殖生态系统；刘兴国构建了池塘生态工程化循环水养殖系统等。以上研究为水产绿色养殖和尾水治理发挥了积极作用。近年来，随着国外新型池塘养殖模式不断进入我国，一些新的技术模式开始出现，为我国池塘养殖方式升级和尾水治理提供了新思路。我国养殖尾水治理的做法主要有以下几种。

池塘生态工程与尾水治理

一、“池塘＋人工湿地”尾水处理

该模式系统主要由生态沟渠、生态塘、潜流湿地等工程化设施和养殖池塘组成。其池塘呈并列布局，进排水渠道在池塘两侧，生态塘和潜流湿地区在池塘的一端，生态沟渠的进水端与外部水源相接，可以提取外河水作为补充水，同时水源在进入池塘前也得到处理。各养殖池塘通过过水设施串联相通，末端池塘排放水通过水位控制管溢流到生态沟渠，在生态沟渠初步净化处理后通过水泵提升到生态塘，在生态塘内进一步沉淀与净化后自流到潜流湿地，潜流湿地出水经过复氧池后自流到首端养殖池塘，形成循环水养殖系统。该模式将池塘与生态工程化设施相结合，通过一级动力提升，实现池塘养殖水体循环利用。应用该模式后，养殖水体中的氨氮、亚硝酸盐、硝酸盐、总氮、总磷、生化需氧量等保持稳定状态，藻类结构明显优化，可节水60%以上，减排80%以上。

“三池两坝一湿地”建设要求和处理效果

二、“三池两坝”尾水处理模式

该模式是将传统排水渠升级为生态沟渠，采用“三池两坝”技术连片处理养殖尾水。养殖池塘尾水排放至生态沟渠，通过生态沟渠将养殖尾水汇集至沉淀池，养殖尾水在沉淀池中进行沉淀处理，尾水中的悬浮物沉淀至池底。尾水经沉淀后，通过第一道过滤坝过滤，以过滤尾水中的颗粒物。尾水经过滤后进入曝气池，曝气池通过曝气增加水体中的溶解氧，加速水体中有机质的分解，通过添加芽孢杆菌等微生物制剂，进一步加速分解水体中有机质。尾水经曝气处理后再经过第二道过滤坝，进一步滤去水体中细微颗粒物，再进入生态池。通过水生植物、微藻吸收利用水体中的氮磷物质，并利用滤食性、草食性水生动物将水生植物和微藻转化为动物蛋白。此模式可降低尾水中氮磷物质的含量，减少农业面源污染，改善养殖环境，构建产出高效、产品安全、资源节约、环境友好的现代渔业产业体系。

三、池塘底排污尾水处理模式

池塘底排污尾水处理模式系统主要由底排污口、排污管道、排污出口竖井、排污阀门等组成。在养殖池塘底部修建排污设施，将养殖过程中产生的含残饵、粪便等有机颗粒废弃物的废水排出池塘，经三级固液分离池过滤、鱼菜共生湿地净化等处理后，循环利用或达标排放，而固体有机颗粒物作可为农作物有机肥。池塘底排污系统是集成了深挖塘、底排污、固液分离、湿地净化、鱼菜共生、节水循环与薄膜防渗、泥水分离的水质改良技术，物理净化与生物净化相结合，可防止养殖水体内、外源性污染，促进养殖水体生态系统良性循环，有效改善池塘养殖水质条件，有利于提高水产养殖产量，确保水产品质量安全和实现节能减排、资源有效利用。

四、池塘流水槽养殖尾水处理模式

池塘内循环水是集池塘循环流水养殖技术、生物净水技术和鱼类疾病生态防治技术于一体的新型池塘养殖模式。该模式对传统池塘进行工程化改造，将池塘分成小水体推水养殖区和大水体生态净化区，在小水体区，通过增氧和推水设备，形成仿生态的常年流水环境，开展高密度养殖；在大水体区，通过放养滤食性鱼类、种植水生植物、安装推水设施等，进行水体生态净化和大小水体的循环。该模式通过借鉴美国集约循环型池塘水产养殖技术（又称 IPRS，池塘跑道型水产养殖技术），并结合我国各地池塘条件转化升级而来。该模式具有现代工程化、高产高效、产品质量高、环保美观、智能化水平高等特点。

五、“流水槽＋稻田”尾水处理模式

该模式是将底排污尾水处理及“跑道鱼”等转型分区式养殖尾水处理模式与稻渔共作相结合。稻田中进行水稻和鱼、虾、蟹的综合种养，放养的蟹、鱼消除田间杂草，消灭稻田中的害虫，疏松土壤；环田沟中集中或分散建设标准养鱼流水槽，流水槽集约化养殖鲤、草鱼、鲫等鱼类，养鱼流水槽中的肥水直接进入稻田促进水稻生长；水稻吸收氮、磷等营养元素净化水体，净化后的水体再次进入流水槽进行循环利用，形成了一个闭合的“稻-蟹-鱼”互利共生良性生态循环系统，实现“一水两用、生态循环”。该技术模式化肥减少 65.4%，农药减少 48.6%，人工减少 50.0%，用水减少 25.0%；氨氮降低 72%，亚硝酸盐降低 70%，总磷降低 49%，总氮降低 40%；亩均实现“千斤粮千斤鱼万元钱”。

六、多营养层级序批式养殖模式

将养殖池塘构建成一定比例的大、中、小三级养殖系统，将吃食性鱼类养殖塘的尾水提升到河蟹、青虾养殖塘，作为虾蟹池中水生植物和螺蛳等的营养物，并净化沉淀，然后再经过生态沟渠和过滤设施后回到吃食性鱼类养殖塘，形成序批式循环水养殖系统。其中，鱼类养殖区总面积占30%，其中小规格苗种、大规格苗种和成鱼养殖区面积比例为1：2：6；虾蟹养殖区面积占40%；沉积物处理区面积占10%；生态池面积占20%。养殖过程中，主养鱼（如大口黑鲈）可利用饵料中30%～40%的氮、磷；30%左右的氮、磷以养殖废弃物形式被收集到沉积物处理区，通过种植蔬菜等，对养殖废弃物进行资源化再利用；25%左右的溶解性和微小颗粒氮、磷在虾蟹养殖池被水生植物利用；剩余5%～15%的氮、磷被生态池的水生植物吸收利用。该系统可控制养殖容量，减少饲料残饵、鱼类代谢物等的沉积量，减少养殖废弃物排放，并降低水处理压力，有效提高饲料利用效率，改善养殖水体环境，降低病害等风险发生概率，减少渔药等投入。同时，该系统可使商品鱼错季分批上市，提高经济效益。

七、池塘圈养模式

在池塘中构建圈养装置，把主养鱼类圈养在圈养桶内养殖；通过圈养桶特有的锥形集污装置高效率地收集残饵、粪污等废弃物；废弃物经吸污泵抽排移出圈养桶、进入尾水分离塔，固废在尾水分离塔中沉淀分离、收集后进行资源化再利用；去除固废后的废水经人工湿地脱氮除磷后再回流到池塘重复使用，实现养殖废弃物的“零排放”。圈养桶设置密度一般为4～6个/亩。圈养桶为圆柱体，内径4.0米，高3.1米，有效养殖水深1.7米，有效养殖水体20米^3。圈养池塘水体透明度养殖期间维持在60厘米以上。单个圈养桶产量相当于散养池塘1亩产量。圈养池塘养殖容量一般为5～10吨/亩。池塘圈养的产量、效益相当于普通池塘产量、效益的5倍以上；单个圈养桶日耗电5～10千瓦·时；病害发生率降低70%以上、渔药使用量降低80%以上，药残更低，养殖产品土腥味基本去除、口感更佳。这种养殖模式具备清洁生产，提升养殖容量，降低病害发病率，提升产品质量，降低人力和水资源等生产成本，提升养殖效率等多重特征。

第四节　国外水产养殖尾水处理主要做法

发达国家重视池塘养殖水环境调控研究，早在1980年美国俄勒冈州立大学就组织开展了池塘养殖动力学（PD/ACRSP）研究，建立了提高池塘生产效率的技术方案和经济性生产方式。Scott（2001）研究提出了水产养殖工程设计的原则。Boyd（1990）、Jones et al.（2002）等发表了具有代表性的 *Water quality in ponds for aquaculture* 和 *Bottom soil, sediment, and pond aquaculture* 等著作。

一、国外水产养殖尾水处理情况

国外水产养殖尾水主要采取生物处理技术，其中生物絮团、生态基、微藻和人工湿地修复技术成为应用研发热点，已在以色列、美国、泰国、印度及巴西等国家的对虾及罗非鱼养殖上取得成功，但高能耗、高成本的缺点限制了其推广。国外利用人工湿地处理养殖尾水已发展到商业化运营阶段。养殖鱼类的品质容易出现肉质松软、口感差、营养物质含量降低等问题，制约着池塘养殖效益的提升。

在池塘养殖模式方面，比较有代表性的如美国奥本大学提出的80∶20池塘养殖模式，以及2000年由亚太水产养殖中心网（NACA）提出的水产养殖基于环境良好的管理规范（better management practices，BMPs）等。近年来，在池塘养殖新模式方面，Brune等研发的分区水产养殖系统，佛罗里达州立大学Andrew等研究构建的池塘跑道式养殖系统，奥本大学Chappell等研发的流水槽式养殖系统等，成为池塘工程化发展的新方向。其中有代表性的为以下四种。

（一）低碳高效池塘循环流水养鱼系统（low carbon and high efficiency in-pond raceway aquaculture technology）

该系统将传统池塘开放式“散养”模式创新为池塘循环流水“圈养”模式，通过添加气提式增氧推水和废弃物收集处理等设备，对鱼类排泄物和残剩饲料进行收集和再利用。在该系统中，既有效地解决了水产养殖的自身污染、能源消耗和水土资源等问题，又可做到变废为宝，增加养殖经济效益。

（二）分区水产养殖系统（PAS）

由美国克莱姆森大学 Brune 等于 2004 年研发，具有循环养殖过程控制与池塘养殖低成本等特点。池塘养殖的效果与池塘中的氧气循环和藻类光合作用有关，池塘持续富营养会加速光合作用。传统池塘中未经选择的藻类种群一般只有 2～3 克/（米^2・天）的固碳量，使用低能耗的叶轮机混合水体（一般用于高藻类池塘），则可将藻类固碳量提升至 10～12 克/（米^2・天），在增加的光合作用同时提高池水的脱毒率（氨氮移除）和以太阳能为动力的制氧效率。PAS 通过在池塘中叠加流场，将其分割成鱼类养殖、气体交换、藻类生长及废水处理等独立可控的区块。高效的光合作用可以保证以太阳能为动力的生物废水处理能力（与矿物燃料系统不同）。PAS 还能利用藻类生长，形成可持续、低冲击、高产量及更加可控的鱼类生产流程。

（三）分隔塘养殖系统（split-pond aquaculture system，SPS）

该系统源于 PAS，与 PAS 有相似的养殖策略和设施单元。SPS 是由美国密西西比州的萨迪柯克伦热水养殖中心（NWAC）的科学家研发的。SPS 将池塘分为增氧生产区和废物处理区。SPS 利用低速水车将两个区域的水体循环起来，在白天，减少池塘水的热、化学分层、悬浮藻类和水体营养物质，增加光合作用、增加总氮的同化。SPS 设计 20％的区域为养殖区域，而 80％的面积为藻类产氧和氨同化区域。

（四）池塘跑道式系统（in-pond raceway system，IPRS）

该系统源于 PAS。具有商业规模的 IPRS 初创于 2007—2008 年的亚拉巴马西部养殖场。该 IPRS 是在一个面积为 2.4 公顷、平均深度为 1.7 米的池塘内，建 6 个 4.9 米×11.6 米钢筋结构的水泥水槽。

二、主要做法、经验

虽然发达国家水产养殖较少，但是其重视养殖基础、模式等研究，许多经验、做法值得我国学习。

（一）基础研究深厚，符合养殖福利需求

发达国家重视养殖生物学研究，其养殖系统是在对养殖动物行为充分研究基础上构建的，并在此基础上建立了基于环境良好的管理规范（BMPs），如美国的斑点叉尾鮰、罗非鱼等，其池形结构、水流方式等符合养殖种类生态、生理特征。在我国，由于缺少养殖行为学等

的基础性研究，在养殖过程中存在着盲目效仿的现象，如在高流速水体中养殖草鱼、鲫等鱼类，不仅不会提高养殖效果，还大大增加养殖成本。为此，亟须开展主要品种的养殖生物学研究，结合养殖学、工程学、生态学等原理优化系统，提高养殖效果，降低生产成本，推动产业高质量发展。

（二）养殖方式先进，养殖生态效率高

国外水产养殖有严格的容量、结构和环境要求，严格管控养殖产生的废弃物，水产养殖对外界的富营养化污染很小。在我国，由于土地紧张，人口众多，需要一定的养殖产量，无法构建像国外一样的水产养殖系统。我国的水产养殖系统普遍存在着集污、排污难和废物利用率低等问题，虽然配套了一些污水处理设施，但是由于养殖设施陈旧，简陋，尚无法有效解决养殖污染问题，并随着养殖密度的提高，加剧了污物排放问题。为此，需要从系统角度，研究解决养殖系统的集污、排污和废物再利用问题；从生态工程角度，发挥养殖系统的生态功能，提高资源利用率。

（三）设施设备水平高，养殖生产效率高

发达国家的水产养殖设施化程度高，在水产养殖的主要环节实现了自动化、机械化，劳动效率高。由于我国水产养殖工业化发展程度低，2020 年全国水产养殖机械化率仅为 31.66％，其中，池塘养殖机械化率为 33.17％，工厂化养殖机械化率为 55.59％，筏式吊笼与底播养殖机械化率为 28.70％，网箱养殖机械化率为 15.68％。所以，需要根据养殖特点不断优化养殖设施，开发适合高效养殖需求的投饲、捕捞、增氧等设施设备和智能化管理系统，建立具有中国特色的水产养殖高效设施设备体系，推动产业高质量发展。

第二章 水产养殖尾水处理技术综述

第一节　污水处理技术原理

污水处理主要是采用各种方法和技术措施将污水中所含有的各种形态的污染物分离出来，或将其分解、转化为无害和稳定的物质，使污水得到净化。现有的污水处理技术，按其作用原理可分为物理法、化学法、生物法等。

水产养殖尾水治理教学片

一、物理法

污水的物理处理法就是利用物理作用，分离污水中主要呈悬浮状态的污染物，在处理过程中不改变水的化学性质。属于物理法的处理技术主要有以下四种。

（一）沉淀法（重力分离）

污水流入池内，由于流速降低，污水中的固体物质在重力作用下沉淀，而使固体物质与水分离。这种方法分离效果好，简单易行，应用广泛，如污水处理厂的沉砂池和沉淀池。沉砂池主要去除污水中密度较大的固体颗粒，沉淀池则主要用于去除污水中大量的呈颗粒状的悬浮固体。

（二）过滤法（截流）

该方法是利用筛滤介质截流污水中的悬浮物。属于筛滤处理的设备（设施）有格栅、微滤机、砂滤池、真空滤机、压滤机等，真空滤机和压滤机多用于污泥脱水。

（三）气浮法

对一些相对密度接近于水的细微颗粒，因其自重难于在水中下沉或上浮，可采用气浮装置去除。此法将空气打入污水中，并使其以微小气泡的形式由水中析出，污水中密度近于水的微小颗粒状的污染物质黏附到气泡上，并随气泡升至水面，形成泡沫浮渣而被去除。根据空气打入方式的不同，气浮处理有加压溶气气浮法、叶轮气浮法和射流气浮法等。为提高气浮效果，有时需向污水中投加混凝剂。

（四）离心与旋流分离法

使含有悬浮固体或乳化油的污水在设备中高速旋转，由于悬浮固体和废水的质量不同，受到的离心力也不同，质量大的悬浮固体被抛甩到污水外侧，这样就可使悬浮固体和污水分别通过各自出口排出设备之外，从而使污水得以净化。

二、化学法

污水的化学处理法就是向污水中投加化学物质，利用化学反应来分离回收污水中的污染物，或使其转化为无害的物质。属于化学处理法的主要有以下八种。

（一）混凝法

混凝法是向污水中投加一定量的药剂，经过脱稳、架桥等反应过程，使水中的污染物凝聚并沉降。水中呈胶体状态的污染物质通常带有负电荷，胶体颗粒之间互相排斥形成稳定的混合液。若水中带有相反电荷的电介质（即混凝剂），则可使污水中的胶体颗粒改变为呈电中性，并在分子引力作用下凝聚成大颗粒下沉。这种方法用于处理含油废水、染色废水、洗毛废水等。该法可以独立使用，也可以和其他方法配合使用，一般用于预处理、中间处理和深度处理等。常用的混凝剂有硫酸铝、碱式氯化铝、硫酸亚铁、三氯化铁等。

（二）中和法

用化学方法消除污水中过量的酸和碱，使其 pH 达到中性左右的过程称为中和法。处理含酸污水以碱为中和剂，处理含碱污水以酸为中和剂，也可以吹入含二氧化碳的烟道气进行中和。酸或碱均指无机酸和无机碱，一般应依照“以废治废”的原则，亦可采用药剂中和处理，可以连续进行，也可以间歇进行。

（三）氧化还原法

污水中呈溶解状态的有机和无机污染物，在投加氧化剂和还原剂后，由于电子的迁移而发生氧化和还原作用形成无害的物质。氧化法多用于处理含酚、含氰废水。常用的氧化剂有空气中的氧、漂白粉、臭氧、二氧化氯、氯气等。还原法多用于处理含铬、含汞废水。常用的还原剂有铁屑、硫酸亚铁、亚硫酸氢钠等。

（四）化学电解法

在废水中插入电极并通过电流，则在阴极板上接受电子，在阳极板上放出电子。在水的电解过程中，阳极产生氧气，阴极产生氢气。上述综合过程使阳极发生氧化作用，阴极发生还原作用。目前化学电解法主要用于处理含铬、含氰废水。

（五）吸附法

污水吸附处理主要是利用固体物质表面对污水中污染物质的吸附。吸附可分为物理吸附、化学吸附和生物吸附等。物理吸附是吸附剂和吸附质之间在分子力作用下产生的，不产生化学变化。而化学吸附则是吸附剂和吸附质在化学键力作用下起吸附作用的，因此化学吸附选择性较强。在污水处理中，常用的吸附剂有活性炭、磺化煤、焦炭等。生物吸附是物质通过共价、静电或分子力的作用吸附在生物体表面的现象。

（六）化学沉淀法

该方法是向污水中投加某种化学药剂，使它和其中某些溶解物质产生反应，生成难溶盐沉淀下来。化学沉淀法多用于处理含重金属离子的工业废水。

（七）离子交换法

该方法在污水处理中应用较广泛。使用的离子交换剂分为无机离子交换剂、有机离子交换树脂。采用离子交换法处理污水时，必须考虑树脂的选择性。树脂对各种粒子的交换能力是不同的，这主要取决于各种离子对该种树脂亲和力的大小（又称选择性的大小）。另外，还要考虑到树脂的再生方法等。

（八）膜分离法

渗析、电渗析、超滤、反渗透等通过一种特殊的半渗透膜分离水中的离子和分子的技术，统称为膜分离法。其中，电渗析法主要用于水的脱盐，回收某些金属离子等。反渗透与超滤均属于膜分离法，但其本质又有不同。反渗透作用主要是膜表面化学本性所起的作用，它分离的溶质粒径小，除盐率高；超滤所用材质和反渗透相同，但超滤是筛滤作用，分离的溶质粒径大，透水率高，除盐率低。

三、生物法

污水的生物处理法就是利用微生物的新陈代谢功能，使污水中呈溶解和胶体状态的有机污染物被降解并转化为无害物质，使污水得以净化。生物处理法可分为好氧处理法和厌氧处理法两类。前者处理效率高，效果好，使用广泛，是生物处理的主要方法。属于生物处理法的有以下三种。

（一）活性污泥法

这是当前应用最为广泛的一种生物处理技术。将空气连续鼓入大量溶解有机污染物的污水中，经过一段时间，水中形成大量好氧性微生物的絮凝体——活性污泥，活性污泥能够吸附水中的有机物，生活在活性污泥上的微生物以有机物为食料，获得能量，并不断生长增殖，使有机物被分解、去除，使污水得以净化。

（二）生物膜法

使污水连续流经固体填料，在填料上就能够形成污泥垢状的生物膜，生物膜上有大量的微生物繁殖，吸附和降解水中的有机污染物，能起到与活性污泥同样的净化污水作用。从填料上脱落下来死亡的生物膜随污水流入沉淀池，经沉淀池被澄清净化。生物膜法有多种处理构筑物，如生物滤池、生物转盘、生物接触氧化池和生物流化床等。

（三）厌氧生物处理法

该法利用兼性厌氧菌在无氧条件下降解有机污染物，主要用于处理高浓度、难降解的有机工业废水及有机污泥。主要构筑物是消化池，近年来这个领域有很大的发展，开创了一系列新型高效厌氧处理构筑物，如厌氧滤池、厌氧转盘、上流式厌氧污泥床、厌氧流化床等高效反应装置。该法能耗低且能产生能量，污泥产量少。

第二节　水产养殖尾水处理主要技术

一、物理技术

由于大量的残饵、粪便以大颗粒状、悬浮态存在于水产养殖尾水中，沉淀、过滤能有效去除水中固体颗粒物。物理处理技术在尾水处理的前期是一种十分实用且简便的手段。水产养殖尾水物理处理技术是通过使用各种滤材，对水体中的杂质进行拦截、过滤和吸附处理，保持水质清新。目前，主要采用沉淀和过滤两种方式。沉淀是利用重力分离原理使固体颗粒物沉积于水底，从而净化水质；过滤是利用石英砂、活性炭、火山石、陶粒等过滤介质去除水中悬浮颗粒，增加水的透明度并净化水质。

（一）沉淀

拦截式沉淀池是集重力、碰撞吸附力、接触吸附力等多种沉降作用于一体的沉淀池，提高了颗粒沉降效率。拦截式沉淀池在池内装有拦截体（生物毛刷、载体等），对水中自由运动的颗粒设置障碍，颗粒运动时与拦截体在三维空间发生碰撞，因此运动颗粒在三维空间上与固定的拦截体实现了碰撞静止，即颗粒运动速度为零。这是由于颗粒受拦截体摩擦力的约束而附着在拦截体上，拦截体吸附了无数小颗粒，从而结成大泥团，当泥团达到足够质量后便克服拦截体摩擦力沉淀下来。由于水中颗粒运动是在三维空间上与固定的拦截体碰撞沉淀，因此呈现出多向性和短距离，不论颗粒尺寸、质量、形状有何差异，只要与拦截体碰撞，均能附着在拦截体上形成大泥团沉淀。拦截沉淀对于处理低浊水（如养殖尾水）效果十分理想。不使用助凝剂，处理相同水量时，拦截式沉淀池混凝剂用量可较其他沉淀池降低20%左右。

（二）过滤

前期实地调研结果表明，砂滤处理系统在水产养殖处理工程中应用得较多。石英砂是使用最广泛的滤料，起到过滤作用，就像水经过砂石渗透到地下一样，将水中的悬浮物阻拦下来，主要针对细微的悬浮物。机械过滤是水产养殖系统中分离固态和液态的另一种常用技术手段，具体净化过程是利用设备的筛网对养殖尾水进行简单的过滤处理，由于筛网的孔径限制，杂质会停留在筛网内，进而达到净化的效果。由于水体中还存在大量的微小颗粒物，因此，需要对筛网的孔径做出调整，使用微滤机对养殖尾水进行进一步的处理，这样过滤处理杂质的效果可以达到80%左右，具有明显的可操作性。使用机械过滤需要较高的成本，而且需要大量人力作业，操作环节多，不适宜规模化养殖场使用。

二、化学技术

化学技术常用臭氧、氨水、高锰酸钾、絮凝剂等药物对水体进行净化。化学药剂作为水质改良剂，对水产养殖尾水进行一定处理后，提高了尾水排放的质量，但长期连续使用不但容易使菌株产生耐药性，而且难以杀灭有保护层的孢子和虫卵，甚至会对水产养殖环境造成二次污染，给人体带来次生伤害。因此，目前常用的主要是臭氧氧化和絮凝两种化学方法。

（一）臭氧氧化

水产养殖尾水处理技术的化学方法主要是臭氧氧化。臭氧可以有效地氧化水产养殖水中积累的氨氮、亚硝酸盐，降低有机碳含量、COD浓度，去除水产养殖尾水中多种还原性污染物，起到净化水质、优化水产养殖环境的作用。臭氧作为氧化性最强的氧化剂之一，可以将杂质中的大部分有机物和无机物氧化，并且氧化后产生氧气。清洁、无二次污染等特性，使其在水产养殖尾水处理中的应用日益广泛。

（二）絮凝

絮凝法是常见的另一种化学方法，主要通过加入和物质相反电性的铝盐、铁盐等絮凝剂来减少离子之间的排斥作用，促进离子凝聚下沉，从而达到去除水体中的悬浮物的目的。但絮凝剂的过量使用或者在水中残存量过大都会对动植物产生危害，影响动植物的生长，对水体产生二次污染，因此不建议经常使用。

三、生物技术

生物技术一般采用微生物、水生植物、滤食性水生动物、藻类等有生命的机体，利用其代谢作用，降解和吸收水体有机物和氮磷无机营养盐，进而达到净化水质的目的。

（一）水生植物

植物在生长代谢过程中会吸收利用养殖水体中的有机物、营养盐等，将其转化为自身需要的物质，有效减少水产养殖水体中的污染物。同时，植物生长进行呼吸作用和光合作用，产生鱼类呼吸需要的氧气，为水产养殖动物的生长活动提供条件。水生植物的种类需要结合养殖场所的环境确定，并且要做好循环水系统的构建，保证植物可以发挥应有的作用。常见的水生植物有水芹、芦苇、水葫芦、空心菜、轮叶黑藻、狐尾藻等。

（二）水生动物

滤食性水生动物是通过摄食过滤水体中有机物颗粒和浮游动植物，以降低水体颗粒悬浮物和藻类含量，增加水体透明度。常见的滤食性水生动物有鲢、鳙、河蚌、扇贝等。滤食性水生动物一般作为套养品种构建立体生态系统，既可改善水质，又能增加饵料利用率，起到净化水质的作用。

（三）藻类

藻类在生长繁殖的过程中同样具有植物的一些作用，可以吸收有机物、重金属等，以及新陈代谢产生氧气，从而促进水产养殖动物的生长。研究表明，蓝藻和黑虎虾共同培养，可以有效吸收水产养殖系统中的铵态氮和硝态氮，达到净化尾水的作用。

（四）微生物

微生物可以将养殖水体中的有机物、铵态氮、亚硝态氮等分解，将其转化为有益的物质，达到净化水体的目的。实验表明，多种菌类均可对养殖水体产生积极影响，净化尾水，促进养殖物种生长。常见的净水微生物主要有硝化细菌（*Nitrifying bacteria*）、光合细菌（*Photosynthetic bacteria*）、枯草杆菌（*Bacillus subtilis*）、放线菌（*Actinomycetes*）、乳酸菌（*Lactobacillus*）、芽孢杆菌（*Bacillus*）等。

第三节　水产养殖尾水处理主要应用技术

水产养殖尾水处理属于水处理范畴，其关键是从水处理效率和水质改善等方面降低成本、净化水质，有效减少养殖过程对周边水环境的依赖。到目前为止，在生产实际中，水产养殖尾水处理形式主要包括池塘“三池两坝”、分区净化、湿地净化、设施净化等。

一、“三池两坝”技术

该处理工艺是集物理沉淀、填料过滤、曝气氧化、生物同化等于一体的处理技术，通过对养殖区沟渠或边角池塘进行适当改造，在实现最低投入的前提下实现养殖尾水的达标排放或循环利用。该工艺不仅具有良好的处理效果，还具有建设成本低、占地面积小、不需要硬化土地且后期维护简单的优点，并针对不同养殖品种提出了各处理单元的参数建设方案，具有成本低、适应性强、高效的特点。

二、池塘工程化分区净化技术

池塘净化主要依据过滤、沉淀、吸附、氧化、降解等技术原理，在措施落实上有砂滤、网滤、曝气、水生植物处理、水生动物处理等。传统池塘养殖中常用的过滤池都是快滤池类型，效果与所用的过滤填料有关，多种组合填料比单一填料的过滤效果要好。过滤法最大的缺点是由于水产养殖水中悬浮物相当多，在短时间内会形成堵塞现象，需配合定期清洗或更换填料，会浪费大量的人力、物力。该技术的特点是简便易建、成本低，但见效慢、场内有局部污染。

三、稻渔共作尾水处理技术

该技术采用渔农综合循环利用模式，使养殖尾水处理与稻渔共作相结合。养殖尾水直接进入稻田。稻田中养殖鱼、虾、蟹等经济动物，消除田间杂草和水稻害虫，并疏松土壤；水稻吸收氮、磷等营养元素，净化水体，净化后的水体再次进入养殖系统进行循环利用，形成一个闭合的稻渔互利共生良性生态循环系统，实现“一水多用、生态循环”。

四、池塘养殖底排污尾水处理技术

该技术利用物理与生物净化相结合的方法，在养殖池塘底部修建排污设施，将养殖过程中产生的含残饵、粪便等有机颗粒废弃物的废水排出池塘，经固液分离、过滤、鱼菜共生净化等处理后，循环利用或达标排放，而固体有机颗粒物作可为农作物有机肥。

五、人工湿地净化技术

人工湿地是一种复杂的多功能生态系统，利用物理过滤，化学吸附、沉淀，植物过滤及微生物作用等方法，能有效去除水产养殖尾水中的氮、磷等营养元素，还能去除一定的化学需氧量（COD）、生化需氧量（BOD）、悬浮物（SS），具有很高的净化能力。陈家长等构建的池塘养殖—表面流人工湿地系统，污染物平均去除率分别为 NH_4^+-N76.9%、NO_2^--N53.1%、NO_3^--N60.9%、TN54.2%。李怀正等针对上海松江五库农业园区水产养殖污染问题，提出以边坡人工湿地/水生植物塘集成技术进行处理，优化工艺流程及工程设计，湿地表面种植栀子花、金边黄杨、金鸡菊、美人蕉、麦冬草等湿地或坡岸植物，起到湿地供氧及美化边坡作用，初步解决了园区水产养殖排水污染问题。由于地区间气候等条件差异较大，因此湿地的选择要因地制宜。

六、工厂化设施净化技术

工厂化设施净化原理与池塘净化类似，但技术上更加细化和专门化。设施净化的特点为效果好、占地面积少、成本高。水产养殖尾水中溶解或不溶解的杂质，粒径大都在 1 纳米到 0.2 微米，属胶态体系，不能借重力作用沉淀，也不能以过滤方法去除，只能靠药剂破坏其稳定性，使胶体颗粒增大才能去除。一般情况下，从 1 纳米到 100 微米的颗粒均可用凝聚处理，所以利用设施进行凝聚处理在分离技术中既重要又广泛。在水产养殖过程中，利用活性炭特殊的吸附作用，去除水中的有机碎屑、蛋白质、类脂物、异臭物、农药、游离氨、色素等物质。但由于吸附介质易被悬浮物堵塞，且处理水量小，处理成本相对较高，该技术在水产养殖场中应用较少。

第三章 连片池塘工程化养殖尾水处理技术模式

第一节 模式简介

连片池塘工程化养殖尾水处理技术模式又称“三池两坝”模式。

一、“三池两坝”模式概念

该技术采用生态沟渠（或暗管）—沉淀池—过滤坝1—曝气池—过滤坝2—生态池的工艺流程。该处理工艺是集物理沉淀、填料过滤、曝气氧化、生物同化等于一体的处理技术，通过对养殖区沟渠或边角池塘进行适当改造，在实现最低投入的前提下实现养殖尾水的达标排放或循环利用。

二、“三池两坝”模式优缺点

该工艺不仅具有良好的处理效果，还具有建设成本低、占地面积小、不需要硬化土地且后期维护简单的优点，并针对不同养殖品种提出了各处理单位的参数建设方案。因主要利用生物技术净化原理，对低温地区池塘养殖尾水处理效果有限。

三、“三池两坝”模式应用范围和规模

该技术适合全国内陆集中连片养殖池塘或者面积50亩以上的规模化养殖场。截至2020年，该技术已在浙江省推广应用100万亩以上，用于连片养殖池塘尾水处理，并已推广应用到江苏、江西、广东等省的养殖区域，处理后水质均能达到《淡水池塘养殖水排放要求》（SC/T 9101—2007）排放标准。

第二节　技术原理

该模式对养殖水域进行科学规划，在池塘升级改造基础上（进排水分开），利用物理和生物的方法进行尾水处理。养殖尾水处理工程具体净化原理见彩图1。养殖尾水首先经过生态沟渠或者PVC暗管进入沉淀池进行沉淀预处理，去除其中大的悬浮颗粒物，然后经第一道过滤坝进一步去除和分解细微悬浮物质，再进入曝气池中，经过氧化、挥发、分解等过程，降低尾水中化学耗氧量（COD）和氨氮等物质，最后经过第二道过滤坝进入生态池中，通过种植水生植物、放养水生动物等构建综合立体生态处理系统，将水体中氮磷等物质转化，实现循环利用或者达标排放。

第三节　技术要点

一、工程设计与施工

该技术采用生态沟渠（或暗管）—沉淀池—过滤坝1—曝气池—过滤坝2—生态池的工艺流程（图3-1）。尾水处理设施总面积通常为养殖总面积的6%～10%。沉淀池、曝气池、过滤坝及生态池建设要求见表3-1。

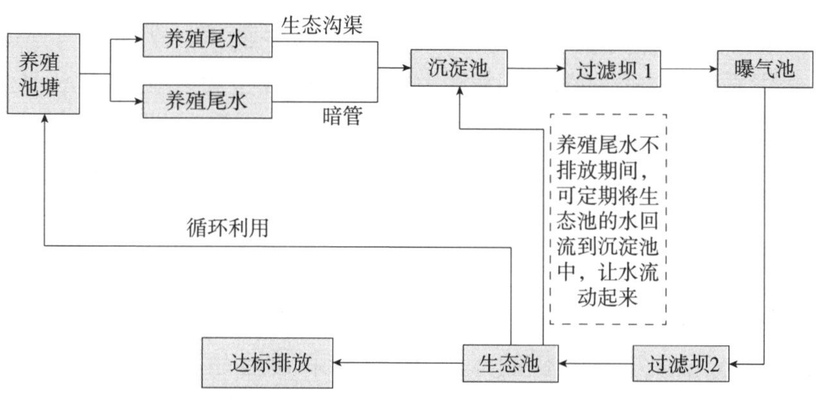

图3-1　养殖尾水处理工艺流程图

表 3-1　不同污染品种类型养殖尾水处理工艺设计

养殖品种	配比面积	各处理单元配比	过滤坝
黄颡鱼、大口黑鲈、乌鳢、泥鳅、龟鳖类等高污染品种	≥10%	沉淀池占总尾水处理面积50%，曝气池占10%，生态池占40%	宽度≥2.0米，长度≥10米，建2条及以上
四大家鱼、常规鱼、淡水珍珠、翘嘴鲌、罗氏沼虾、凡纳滨对虾等中污染品种	≥8%	沉淀池占总尾水处理面积40%，曝气池占10%，生态池占50%	宽度≥2.0米，长度≥8米，建2条及以上
日本沼虾、克氏原螯虾、中华绒螯蟹等，以及光唇鱼等溪涧性、低污染养殖品种	≥6%	沉淀池占总尾水处理面积30%，曝气池占20%，生态池占50%	宽度≥1.5米，长度≥6米，建1条及以上

（一）配比面积

整个养殖小区养殖尾水处理区域配比面积不低于养殖面积的6%，其中虾蟹类（如河蟹、青虾等种草养殖）低污染品种不少于养殖面积的6%，乌鳢或其他亩产1 500千克以上的高污染品种（黄颡鱼、大口黑鲈、泥鳅、龟鳖等）应不少于养殖面积的10%，其他中污染品种（如翘嘴鲌、凡纳滨对虾、罗氏沼虾等）应不少于8%。

（二）生态沟渠

首先，在建沉淀池之前，要利用养殖场原有的沟渠构建尾水收集渠道，即生态沟渠。生态沟渠上端宽度不低于3米，深度1米以上，驳岸最好保持土质，不要硬化，驳岸两侧种植美人蕉等挺水植物，在浅水区内种植苦草、轮叶黑藻等沉水植物，深水区可种植大薸等漂浮植物，也可采用生态浮床种植景观植物或水生蔬菜。另外，生态沟渠内可适量放养螺蛳、河蚌等净水生物，但养殖四大家鱼及黄颡鱼品种的切勿放置河蚌，以免其产卵孵化的钩介幼虫寄生在鱼鳃上引发疾病。若条件达不到，可下埋直径为50厘米及以上的波纹管作为排水管道。

（三）沉淀池

不同养殖品种，其沉淀池配比面积也不同。其中低污染养殖品种沉淀池占总尾水处理面积的30%；中污染养殖品种沉淀池占总尾水处理面积的40%；而高污染养殖品种沉淀池占总尾水处理面积的50%，沉淀池要求水深2米及以上。为了增加水体滞留时间，增强水体自净能力，沉淀池可以分割成相通的2～3个区域。在靠近排水口水流垂直方向悬挂生物毛刷，悬挂位置从靠近排水口处开始，生物毛刷长度为 1.5 米左右。在沉淀池第一个分隔区两端分别平行固定若干个木桩，岸边木桩间隔 50 厘米，在木桩的顶部和底部分别固定 1 根尼龙绳，然后将生物毛刷垂直悬挂在尼龙绳上，每 5 厘米悬挂 1 束，生物毛刷悬挂面积占沉淀池的 50%左右。生物毛刷悬挂处后端放置适当数量的生态浮床，一个生态浮床面积推荐为 2～4 米^2，框架结构为 PVC 管，其内设置直径为 1 厘米的尼龙网为载体，上面宜种植铜钱草、狐尾藻等耐低温水生植物。生态浮床应放置在靠近塘边的位置并固定，以方便管理。

（四）过滤坝

不同养殖品种对过滤坝建设的要求存在较大差异。其中，低污染养殖品种过滤坝内径宽要求 1.5 米及以上，长度 6 米及以上，建议建 1 条及以上；中污染养殖品种过滤坝内径宽要求 2.0 米及以上，长度 8 米及以上，建议建 2 条及以上；而高污染品种过滤坝内径宽要求 2.0 米及以上，长度 10 米及以上，建议建 2 条及以上。过滤坝底部采用水泥硬化，主体结构为空心砖堆砌，内部填料建议用多孔质轻的火山石、陶粒、珊瑚石等，由下而上填料的直径逐渐减小，一般 0～60 厘米填料直径 3～5 厘米，61～120 厘米填料直径 5～8 厘米，120 厘米以上填料直径 8～10 厘米。为方便后期阻塞清理，填料建议用尼龙网袋装好后填放，网袋网目在保证填料不漏出的前提下尽可能大。同时，注意过滤材料装袋不可太满（六七成满即可），以便填放紧密。过滤坝建设位置一般要求在沉淀池与曝气池、曝气池与生态池间的隔水坝出水口一侧，出水口应分别设置在曝气池的对角线处。

（五）曝气池

低污染养殖品种曝气池占总尾水处理面积的 20%，而中污染和高污染养殖品种曝气池均占总尾水处理面积的 10%。在距池塘底部 30 厘米处铺设纳米曝气盘，每 2～3 米^{2}铺设 1 个，必要时曝气池池底须铺设土工膜，以防止底泥上泛而堵塞曝气孔。在岸边布设鼓风机，要求每亩配备功率不低于 2.5 千瓦。

（六）生态池

低、中污染养殖品种养殖尾水生态池占总尾水处理面积的 50%，而高污染养殖品种养殖尾水生态池占总尾水处理面积的 40%。生态池坡比应适当提高（最大可增至1∶2.5），以便在岸边种植挺水植物和在浅水区种植沉水植物。放养鲢、鳙、螺蛳、河蚌等净水生物，其中鲢、鳙放养密度均为50尾/亩，螺蛳、河蚌等5千克/亩。岸边种植菖蒲、鸢尾等挺水植物，浅水区种植马来眼子菜、苦草等沉水植物，深水区可以放置生态浮岛。生态浮岛采用聚乙烯产品，由类似面包圈的浮体和分体的种植篮构成，一般6～10米^2，可由若干个构成，错位分布，各浮岛底部总面积占生态池面积的20%左右，中间放置若干个喷水机，以达到增氧和景观示范效果。

二、管理维护

（一）管理机制

1. 管理人员责任制

建立镇、村、点三级联动网格化管理体系。每个尾水治理点必须配备尾水治理管理员，签订管护协议，明确管护责任，负责日常运维管护。明确一名村干部，负责对治理点的日常监管。

2. 错峰排放治理制

根据不同的品种排放规律，合理制定不同的排放制度。如青虾连片池塘养殖在晒塘前集中排放易造成尾水洪峰，由各行政村或青虾养殖专业合作社制订出具体排水计划，养殖户签名承诺，实行有序错峰排放。

3. 考核奖惩问责制

严格执行考核奖惩与行政执法相结合机制，全面考察镇域内治理点设施运行、日常管护、达标排放等落实情况。与“五水共治”考核挂钩，实现“月赛、季亮、年考”专项考核机制，强化亮牌问责。加强行政执法和水质监测，对尾水直排、偷排、漏排、超标排放等现象，按村规民约和相关法律法规实施处罚，倒逼治理点规范运行。

（二）维护要点

1. 生态沟渠

根据沟渠内的水生植物生长情况，定期收割并清理死亡植物，以促进水生植物的快速生长，并定期清淤，保证养殖尾水排放通畅。

2. 沉淀池

定期收割生态浮床上及岸边水生植物，每年在不排水时冲洗生物毛刷，一般每2～3年需要清淤1次。

3. 过滤坝

每2～3年对过滤滤料进行冲洗，冲洗后晾晒2天再回填至过滤坝内，对尼龙网进行更换。

4. 曝气池

在养殖尾水不排放期间，要定期（7～15天）打开增氧设备，防止长时间未运行而导致曝气孔堵塞。另外，发现有堵塞的曝气孔要及时清理或更换。

5. 生态池

定期收割水生植物并清理死亡植物，定期收获水生动物并投放新的苗种，加速氮磷物质循环。

6. 运行管理

有养殖尾水排入沉淀池中超过10天的，可以将生态池中的水体通过水泵抽入沉淀池中，让整个水体流动起来，防止形成死水体，引起尾水设施内水体恶化。

（三）尾水监测

1. 定期监测

县、镇等行政机构应委托相关检测机构，定期（如每月1次）对各村尾水处理点出水口进行取样检测，若出现不达标情况，应及时检查尾水处理系统设施，及时进行检修维护，确保达标排放。

2. 远程监控

对重点治理点（200亩以上）和易对外直排的治理点应安装实时视频监控系统，由监控平台管理员实现全天候视频监管，进行实时智慧化管理，及时反馈治理出现的问题并督促整改。

3. 监测分析

请专业技术人员对定期检测的数据进行及时汇总，分析处理效果，掌握处理水平，合理确定处理能力，防止超负荷运行。

（四）注意事项

（1）沉淀池不能放养鱼类，以免影响沉淀效果，需加挂生物毛刷以加强吸附沉淀效果。

（2）曝气池安装底增氧设备进行增氧，曝气装置需与池底保持一定高度（建议30～40厘米），防止堵塞，必要时在池底铺土工膜防止底泥上泛；生态池坡比提高（最大可增至1∶2.5），以便岸边种植挺水植物和浅水区种植沉水植物，用以吸收水体中过量的氮磷，同时放养鲢、鳙、河蚌、螺蛳等滤食性品种净化水质。

（3）如有条件，可利用荒地建设天然湿地，通过沼泽湿地形式净化水质。若建设人工湿地，前面处理环节面积可适当缩小，但要保证总面积配比和沉淀池储水能力。

（4）其他说明：在实际建设中应灵活处理各种情况，如养殖小区水面面积较小（在100亩以下时），应尽可能使沉淀池比例增大，比例可增大至50%，牺牲一部分生态池面积，保证排水时沉淀池池水不溢出。拦水坝（墙）需视情况而加，拦水坝（墙）有两个作用，一是防止出现水流死角，二是增加水体持留时间，增强净化效果。在防止出现水流死角方面，往往必须建设拦水坝（墙）。在增加流程方面，则需视情况而建设拦水坝，若沉淀池面积较小，则不需建设；若沉淀池面积较大（10亩以上），则可视情况建设1～2条拦水坝（墙），不必多建。另外，拦水坝（墙）在水面积较充裕时可用土堆，在水面积较紧张的情况下不建议采用土堆，可采用木桩和土工膜或者有机玻璃塑料等材料建设。

第四节　处理效果

本节以笔者在浙江省选取的主要养殖品种示范点水产养殖尾水处理为例展开介绍。

一、示范点选择

在浙江省选择了8个主要养殖品种和13个示范点开展水产养殖尾水生态化治理，其中低污染养殖品种主要是青虾、河蟹，有4个示范点；中污染养殖品种为翘嘴鲌、凡纳滨对虾和罗氏沼虾，有4个示范点；高污染养殖品种主要是乌鳢、青鱼、大口黑鲈和黄颡鱼，有5个示范点。

二、监测时间及方法

每个尾水处理工程示范点在运行10小时后进行取样工作，取样位置分别位于进水口、沉淀池、曝气池、生态池后端及出水口，采样点设在各功能区的末端。监测的主要水质指标为透明度、悬浮物、总氮、总磷、COD 等，样品采回后于 24 小时内测定完毕。

所有水质指标的检测均按照《水和废水监测分析方法（第四版）》中的标准方法进行，其中排放标准参考《淡水池塘养殖水排放要求》（SC/T 9101—2007）。

三、处理效果评价

各模式示范点水产养殖尾水处理效果较好，且所有模式处理末端水体的悬浮物、总氮、总磷、COD 均达到 SC/T 9101—2007 规定的排放标准。主要体现在以下几个方面。

（一）极显著增加水体中的透明度

处理前，低、中、高三个污染类型养殖品种示范点进水口的透明度范围分别为 41～55 厘米、29～33 厘米、20～26 厘米；处理后，分别增加至 80～92 厘米、62～70 厘米和 53～58 厘米，平均值分别为 88 厘米、66.5 厘米和 54.6 厘米，增加幅度分别为 65.45%～107.14%、83.33%～125.81%和 65.8%～175%，平均值分别为 87.38%、107.25%和 131.8%。各系统对三种污染类型处理效果均可提高透明度 1 倍以上，总体上，各单元处理效果依次为沉淀池>生态池>曝气池。

（二）有效降低水体中的悬浮物含量

处理前，低、中、高三个污染类型养殖品种示范点进水口悬浮物含量分别为82～95 毫克/升、99～114 毫克/升和 121～152 毫克/升；处理后，出水口浓度范围含量分别为 44～50 毫克/升、52～64 毫克/升和 61～69 毫克/升，降低幅度分别为 36.59%～49.46%、41.14%～49.12%和 49.59%～53.85%，其去除效率平均值依次为 45.26%、44.61%和 51.60%，去除效果良好。所有模式处理末端水体的悬浮物含量均达到 SC/T 9101—2007 规定的一级排放标准。各单元悬浮物处理效果和透明度处理效果一致，即沉淀池>生态池>曝气池。

（三）大幅降低水体中的总氮含量

处理前，低、中、高三个污染类型养殖品种进水口总氮含量分别为 5.8～7.3 毫克/升、7.2～8.1 毫克/升和 7.9～10.5 毫克/升；处理后，出水口各降低至 3.2～3.8 毫克/升、3.5～3.8 毫克/升和 3.5～4.1 毫克/

升，降幅分别达 44.83%～47.81%、49.33%～55.56%和 50.63%～64.76%，平均去除率分别为 47.81%、52.04%和 57.56%。所有模式处理末端水体的总氮含量均达到 SC/T 9101—2007 规定的一级排放标准。各单元对总氮的去除效果在不同养殖品种间存在一定差异，对于低污染养殖品种，尾水处理区生态池处理效果最好，其次为沉淀池、曝气池；对于中污染养殖品种，则为曝气池处理效果最好，其次为生态池、沉淀池；而对于高污染品种，则为沉淀池处理效果最好，其次为生态池、曝气池。

（四）明显降低水体中的硝态氮含量

处理前，低、中、高三种污染类型养殖品种进水口硝态氮含量分别为 2.9～3.6 毫克/升、4.0～4.8 毫克/升和 5.1～6.1 毫克/升；处理后，出水口各降低至 1.5～1.6 毫克/升、1.8～2.1 毫克/升和 2.0～2.7 毫克/升，降幅分别达 48.28%～57.14%、53.33%～60.00%和 48.08%～67.21%，平均去除率分别为（53.48±3.88）%、（57.20±2.83）%和（57.92±7.48）%。总体上，生态池对硝态氮去除效果较好，其次是沉淀池，最后是曝气池。

（五）极显著降低水体中的氨氮含量

处理前，低、中、高三种污染类型养殖品种进水口氨氮含量分别为 1.3～1.5 毫克/升、1.5～1.8 毫克/升和 1.4～1.8 毫克/升；处理后，出水口各降低至 0.1～0.2 毫克/升、0.2～0.3 毫克/升和 0.2～0.4 毫克/升，降幅分别达 85.71%～92.86%、80.00%～88.24%和 78.95%～85.71%，平均去除率分别为（89.39±3.72）%、（83.20±3.62）%和（82.32±2.50）%。可见，氨氮去除效果极显著，平均去除率在 80%以上。去除效果最好的是生态池，其次是曝气池，最后是沉淀池。

（六）明显降低水体中的总磷含量

三种污染类型养殖品种的总磷浓度大小和总氮不一致，即低污染养殖品种示范点总磷浓度最高（1.8～2.1 毫克/升），而不是中、高污染类型（分别为 1.7～2.0 毫克/升和 1.6～2.0 毫克/升）。分析原因，主要是由于低污染品种主要是青虾，而青虾养殖需要大量种植水草，水草的正常生长需要吸收大量磷，养殖期间养殖户会施加磷肥以维持水草的正常生长。经过养殖尾水设施处理后，低、中、高三种污染类型出水口总磷浓度分别降低至 0.7～0.9 毫克/升、0.7～0.8 毫克/升和 0.6～0.7 毫克/升，其平均值分别为 0.83 毫克/升、0.775 毫克/升和 0.64 毫克/升，出水口仍以低污染养殖水体的浓度最高，因此应采取相应措施加强对种草养殖低污染养殖品种水体中磷的去除。总体上，各单元去除效果以生态池最好，其次为沉淀池，最后为曝气池。

（七）显著降低水体中的 COD 含量

进水口处 COD 含量大小顺序为高污染养殖品种＞中污染养殖品种＞低污染养殖品种，其值分别为 38.1～44.0 毫克/升、35.8～41.2 毫克/升和 31.5～36.4 毫克/升；经过养殖尾水处理设施后，其值分别降低至15.7～20.9 毫克/升、15.6～17.3 毫克/升和 14.2～18.2 毫克/升，平均值分别为 17.56 毫克/升、16.75 毫克/升和 15.95 毫克/升，均达到 SC/T 9101—2007 规定的一级排放标准。去除效果以曝气池去除效果最好，其次为生态池，最后为沉淀池。

第五节 典型案例

一、基本情况

自浙江省 2016 年提出“五水共治”和“剿灭劣Ⅴ类水”工作目标以来，养殖尾水也成为被治理的对象。湖州市在 2018 年已全部完成养殖尾水生态化处理工程建设。湖州市以不同污染类型的 3 个主要养殖品种尾水处理示范点为研究对象，均为散户连片池塘养殖集中治理模式，其中低污染养殖品种主要是青虾，中污染养殖品种为翘嘴鲌，高污染养殖品种主要是大口黑鲈，具体信息详见表 3-2。

表 3-2 养殖尾水生态化治理示范点信息

基地	污染类型	示范点位置	养殖面积	主养品种	配套尾水处理面积
示范点 1	低污染养殖品种	南浔区菱湖镇杨港村	约 300 亩	青虾	约 20 亩
示范点 2	中污染养殖品种	德清县钟管镇东舍墩村	约 120 亩	翘嘴鲌	约 10 亩
示范点 3	高污染养殖品种	南浔区菱湖镇卢家庄村	约 670 亩	大口黑鲈	约 68 亩

二、技术应用

尾水处理工程建设参数

根据前述工艺设计方案建设“三池两坝”组合系统，3 个示范点具体设计参数见表 3-3。

表 3-3　3 个示范点各处理单元建设参数

基地	沉淀池面积	曝气池面积	生态池面积	过滤坎数量	过滤坝长宽	污染类型
示范点 1	10 亩	2 亩	8 亩	2 条	长 6 米×宽 2 米	低污染品种
示范点 2	5 亩	1 亩	4 亩	2 条	长 8 米×宽 2 米	中污染品种
示范点 3	34 亩	7 亩	27 亩	2 条	长 10 米×宽 2 米	高污染品种

低污染类型示范点 1 配套尾水处理面积 20 亩，占比 15%，大于建设要求的 6%，改造原有排水封闭式清过淤泥的河道，节省了养殖池塘面积，其中沉淀池 10 亩，水深约 2 米；曝气池面积 2 亩，水深约 2 米；生态池面积 8 亩，水深约 1.8 米。并建有 2 条过滤坝，过滤坝长度均为 6 米，内径宽 2 米，过滤材料为火山石。

中污染类型示范点 2 配套尾水处理面积 10 亩，占比 8.3%，符合建设要求，通过将原有排水渠道进行扩宽处理改造，节省了养殖池塘面积，其中沉淀池 5 亩，水深约 2 米；曝气池面积 1 亩，水深约 2 米；生态池面积 4 亩，水深约 1.8 米。并建有 2 条过滤坝，过滤坝长度均为 8 米，内径宽 2 米，过滤材料为陶粒。

高污染类型示范点 3 配套尾水处理面积 68 亩，占比 10%，符合建设要求，改造原有排水封闭式清过淤泥的河道，节省了养殖池塘面积，其中沉淀池 34 亩，水深约 2 米；曝气池面积 7 亩，水深约 2 米；生态池面积 27 亩，水深约 1.8 米。并建有 2 条过滤坝，过滤坝长度均为 10 米，内径宽 2 米，过滤材料为火山石。

三、养殖情况

低污染品种青虾养殖基地共有养殖面积约 300 亩，共有 8 个养殖户，养殖池塘水深 0.6～0.8 米，年养殖产量 60～80 千克/亩；中污染品种翘嘴鲌养殖基地共有养殖面积约 120 亩，共有 4 个养殖户，养殖池塘水深 2.0～2.5 米，年养殖产量约 1 000 千克/亩；高污染养殖品种大口黑鲈养殖基地共有养殖面积约 670 亩，共有 16 个养殖户，养殖池塘水深 2.0～2.5 米，年养殖产量约 1 500 千克/亩。在建设尾水处理设施前，进排水渠道未分开，养殖尾水直接外排到周边河道中，造成了严重的环境压力。尾水处理设施建设时，均重新规划进排水渠道。尾水处理设施工程建好后，养殖尾水均经处理后实现达标排放或者循环利用。

四、综合效果

采用“三池两坝”组合系统处理不同污染类型的内陆池塘养殖尾水，结果表明，3 个示范点对总溶解性固体、化学耗氧量、总氮、总磷和氨氮的平均去除率分别为 48.1%～60.7%、50.4%～60.7%、52.5%～59.2%、64.2%～71.5%和 72.1%～80.5%，水质净化效果明显，均能稳定达到 SC/T 9101—2007 排放标准。

该尾水处理技术夏季处理效果最好，其次是秋季。即使冬季，该系统仍能正常稳定运行，保障出水水质达标。沉淀池对总溶解性固体去除效果最好，为 21.3%；曝气池对化学耗氧量和氨氮的去除贡献率最大，分别为 18.7%和 28.7%；生态池对总氮和总磷的去除贡献率最大，分别为 16.3%和 28.8%；过滤坝则对各水质指标均具有良好的去除效果，去除率为 7.5%～11.8%。

尾水处理一浙江案例

第四章 “池塘+人工湿地”尾水处理技术模式

第一节　模式简介

“池塘＋人工湿地”尾水处理技术模式是将人工湿地与池塘相结合构建的生态工程化养殖系统。系统中的养殖池塘通过过水设施串联相通，池塘排放水通过水位控制管溢流到生态沟渠，在生态沟渠初步净化后通过水泵提升到生态塘，在生态塘内得到进一步沉淀与净化，然后再自流到潜流湿地，经过潜流湿地强化处理后进入复氧池使水体中的溶氧得到恢复，复氧池水最后自流到首端的养殖池塘中，形成循环水养殖系统（图 4-1）。“池塘＋人工湿地”尾水处理技术模式的池塘一般呈并排结构，进排水渠道在池塘两侧，生态塘和潜流湿地在池塘的一端，生态沟渠的进水端可与水源相接，通过提取外部水源水作为补充水，在进入池塘前进行原水处理。基于人工湿地的尾水处理模式适合鱼、虾等换水量大的池塘、工厂化等养殖系统。

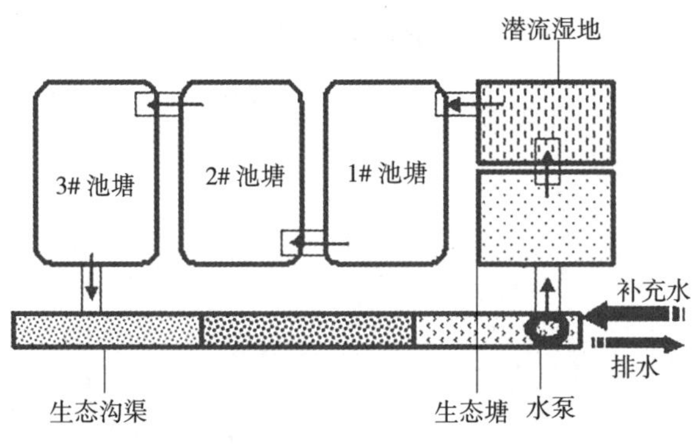

图 4-1　“池塘＋人工湿地”尾水处理系统

第二节 技术原理

“池塘＋人工湿地”尾水处理系统主要由池塘、生态沟渠、生态塘（生物塘）、潜流湿地（人工湿地）组成，利用生态沟渠、生态塘、潜流湿地对养殖尾水进行分级处理，处理后的养殖尾水循环利用或达标排放。由于养殖尾水属富营养化污染，浓度低、排放时空间差异很大，系统中的复合人工湿地、生态沟渠、生态塘有其独有的构建特点。

一、人工湿地

人工湿地是人工筑成水池或沟槽，底面铺设防渗漏隔水层，填充一定深度的基质层，种植水生植物，利用基质、植物、微生物的物理、化学、生物三重协同作用，使污水得到净化的系统。人工湿地通过过滤、吸附、共沉、离子交换、植物吸收和微生物分解来实现对污染物的高效净化，同时通过营养物质和水分的生物地球化学循环，促进绿色植物生长，实现废水资源化和无害化。

按水流方式和主要植物类型，人工湿地可分为多种不同的类型或系统。按水流方式，可分为表面流湿地（surface flow wetland 或 free water surface wetland）、水平流潜流湿地（horizontal subsurface flow wetland）和垂直流潜流湿地（vertical subsurface flow wetland）三类，其中垂直流潜流湿地又可以分为上行流人工湿地（up flow constructed wetland）和下行流人工湿地（down flow constructed wetland）。按主要植物类型，可分为浮水植物系统、沉水植物系统、挺水植物系统三类（图 4-2）。目前被广泛应用于污水处理的人工湿地有三种类型：自由表面流人工湿地、水平流人工湿地和垂直流人工湿地。

人工湿地对水体中悬浮颗粒物的去除主要靠沉淀和过滤作用，水体悬浮物在湿地中通过颗粒间相互作用及植物根系的阻截作用而被去除。水体中的氮、磷等营养盐在人工湿地中主要通过生物脱氮与植物吸收被去除，一些重金属离子被微生物、植物利用氧化并经阻截或结合而被去除。同时，植物还可以转化去除水体中的有机物，如通过种植多年生水生植物吸收水体中的氮、磷等富营养物质，通过收割水生植物将氮、磷转移出人工湿地系统。

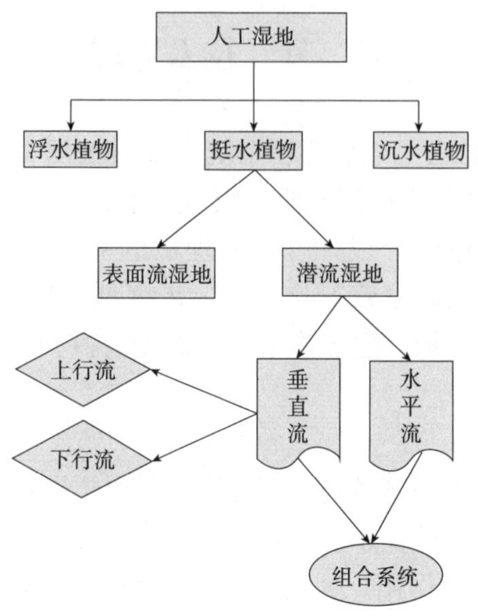

图 4-2　人工湿地系统分类（Wallace and Knight，2006）

人工湿地处理系统是一个综合生态系统，有如下优点：①建造运行费用低；②易于维护；③ 水处理效率稳定；④污染负荷缓冲力强；⑤可产生直接或间接效益等。

应用人工湿地处理污水也存在不足：①占地面积大；②易受病虫害影响；③生物和水力复杂性加大了对其处理机制、工艺动力学和影响因素认识理解的难度，设计运行参数不精确，因此常由于设计不当使处理水达不到设计要求或不能达标排放，有的人工湿地反而成了污染源。

二、生态沟渠

生态沟渠（ecological ditch）是具有一定宽度和深度，由水、土壤、动植物和微生物组成，具有独特结构和净水功能的沟渠。生态沟渠除具备输水功能之外，还具备净水功能。其净水功能主要依靠沟渠中配备的动植物和微生物的吸收、滤食、吸附、降解、转化等作用来完成，在输水的同时，去除一定数量的悬浮有机颗粒物质及氮、磷等营养物质（图 4-3）。

生态沟渠一般有一定的长度，沟渠两边坡上种植草本植物，沟渠中种植当地水生植物，底部种植沉水植物，沟渠两边种植挺水植物。植物

图 4-3 生态沟渠

的种植密度以不阻挡水流流动为宜。生态沟渠一般应具有三个功能，即沉淀处理、净化抑藻、水生植物净化吸收。其中，沉淀处理区一般设置在沟渠前端，坡比不低于1∶1.5，水力停留时间（HRT）为2.0～3.0小时，水体有机物负荷为50～100克/时（以COD计）。水生植物净化区一般在生态沟渠两侧或中部，可以设计为两种形式：一种是着生丝状藻框架固着净化区，渠道深1.5米（自然深度），设置网状、桩式等丝状藻接种栽培着生基，通过着生藻类对水体进行处理；另一种是着生藻卵石固着净化区，设计深度为50～70厘米（水面下）。净化抑藻区是在生态沟渠水中放置生物网箱，网箱内放置贝类等滤食性动物，网箱顶部栽种多种浮水植物，从而对水体进行综合处理。

生态沟渠的主要植物为伊乐藻、黑藻、马来眼子菜、苦草、菹草、狐尾藻、萍蓬草、睡莲、芡实、水鳖、芦苇、慈姑、鸢尾、美人蕉、香蒲、香根草等。

利用生态沟渠处理养殖尾水，可将养殖场的排水沟渠改造为生态沟渠，无须额外占用养殖场地，节约养殖用地，减少了尾水处理设施的投入。同时，修建生态沟渠还可以改善养殖场环境，涵养水源，使养殖尾水能够循环利用，节约水资源成本。但也存在着处理效率低、抗冲击能力弱，以及需要增加人工管护成本等问题。

三、生物塘

生物塘（stabilization pond）亦称稳定塘或氧化塘，是在塘中按照结构和功能布置水生动植物，形成的人工生态系统。生物塘中有分解者生物（细菌和真菌）、生产者生物（藻类和其他水生植物）、消费者生物

（如鱼、虾、贝、螺、鸭、鹅、野生水禽等）。在太阳能（日光辐射提供能量）的推动下，通过生物塘中食物链的物质迁移、转化和能量的逐级传递、转化，将进入塘中的有机污染物进行降解和转化，不仅去除污染物，还收获水生植物、水产动物、水禽等资源物质，净化的污水也可回收再用，使污水处理与资源利用相结合，实现污水处理资源化（图 4-4）。

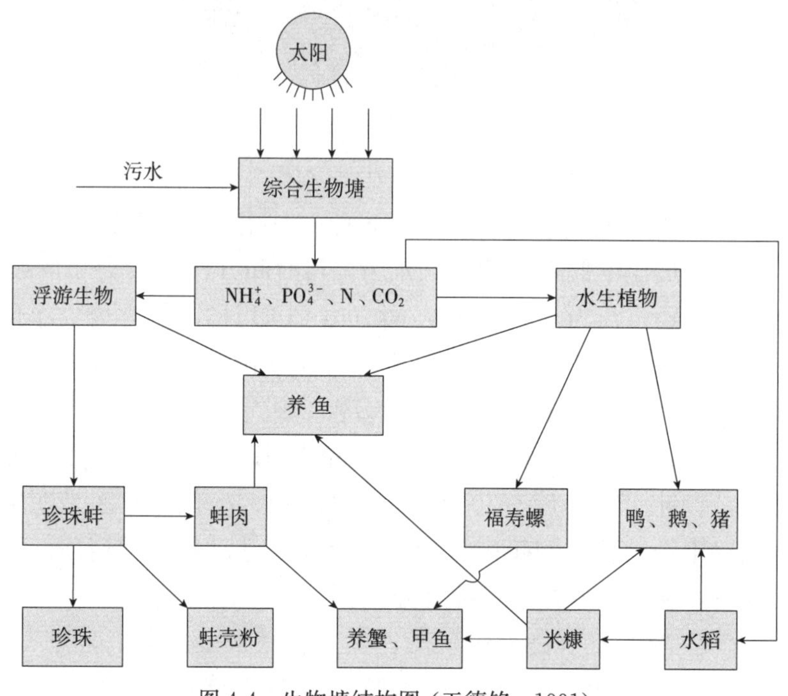

图 4-4　生物塘结构图（王德铭，1991）

生物塘一般有好氧塘、兼性塘、厌氧塘、曝气塘等类型。

1. 好氧塘

以一种菌藻共生的好氧生物塘为例。深度一般为 0.3～0.5 米。阳光可以直接照射到塘底。池塘内有细菌、原生动物和藻类。由藻类的光合作用和风力搅动提供溶解氧，好氧微生物对有机物进行降解。

2. 兼性塘

有效深度为 1.0～2.0 米。上层为好氧区，中间层为兼性区，底层为厌氧区。兼性塘是采用最普遍的生物塘系统。

3. 厌氧塘

塘水深度一般在 2 米以上，最深可达 5 米。厌氧塘水中溶氧很少，基本上处于厌氧状态。

4. 曝气塘

塘深大于2米，采取人工曝气方式供氧，塘内全部处于富氧状态。曝气塘一般分为好氧曝气塘和兼性曝气塘两种。

5. 水生植物塘

在塘内种植一些维管束水生植物，如芦苇、水花生、水浮莲、水葫芦等，能够有效地去除水中污染物，尤其是对氮磷等污染物能够有效地去除。

6. 生态塘

在塘内放养鱼、蚌、螺、鸭、鹅等动物，这些水产、水禽与浮游动物、底栖动物、细菌、藻类之间通过食物链构成生态系统，既能进一步净化水质，又可以使出水中藻类的含量降低。

在实际应用中，可根据需要组合成多种不同的方式。

生物塘具有建设投资和运转费用低、维护和维修简单、便于操作、能有效去除污水中的有机物和病原体、不需要处理污泥等优点。但也有一些缺点：占地面积过大；气候对生物塘的处理效果影响较大；若设计或运行管理不当，则会造成二次污染；易产生臭味和滋生蚊蝇；污泥不易排出和处理利用。图4-5是一种生态塘。

图4-5 一种生态塘

第三节 技术要点

构建"池塘＋人工湿地"尾水处理技术模式，除需要明确养殖结构、容量外，在系统构建中应重点关注人工湿地的占地面积、设计水深、基质类型、预处理方法及植物种类等关键因素。

一、人工湿地规划建设要求

人工湿地的设计规划流程应主要包括选址、确定系统组合形式、确定水力负荷、选择植物和填料、计算表面积、确定长宽比、结构设计、编制施工计划、修改设计、施工、试运行和完成竣工图、交付使用等步骤。在设计过程中，尤其要重视面积设计、集配水系统设计、填料的选择设置、湿地植物种类的选择、防渗设计、通气设计、预处理系统设计等。

人工湿地一般由五部分组成：一是具有透水性的基质，如土壤、砂、砾石、陶粒；二是适合于在不同含水量环境下生活的植物，如芦苇、美人蕉、空心菜；三是水体（在基质表面之上或之下流动的水）；四是无脊椎或脊椎动物；五是好氧或厌氧微生物群落。图 4-6 为一个具备完整组成部分的人工湿地图（Vymazal，2005）。人工湿地中的基质又称填料、滤料，一般由土壤、细砂、粗砂、砾石、碎瓦片、粉煤灰、泥炭、页岩、铝矾土、膨润土、沸石等介质的一种或几种构成，因此，多种材料包括土壤、砂、矿物、有机物料及工业副产品（如炉渣、钢渣和粉煤灰等）都可作为人工湿地基质。

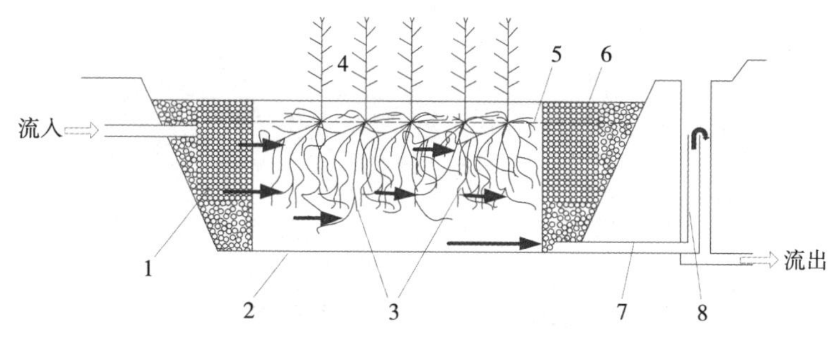

图 4-6　水平流潜流湿地

1. 大石子分布区　2. 防渗层　3. 过滤基质　4. 大型植物　5. 水流　6. 布满大石子的收集区域　7. 排水收集管　8. 维持水位的排放孔

箭头方向表示水流方向

二、人工湿地的设计要求

人工湿地用于养殖尾水处理需要重点注意以下工艺参数：水力停留时间、水传导、表面负荷率、系统深度、处理单元长宽及其比例、进出水构筑物、隔板装置与防渗材料等。

（一）水力停留时间

水力停留时间是人工湿地污水处理系统重要的设计参数之一，可定义为湿地可用容积与平均水量的比值，即：

$$t = V\varepsilon / Q_{av} \tag{4-1}$$

式中，t 为水力停留时间（天）；V 为湿地容积（米^3）；ε 为湿地孔隙度（无量纲）；Q_{av}为平均流量（米^3/天）。

理论上，水力停留时间是利用平均流量、系统几何形状、操作水位、初始孔隙度等来估算的。由于潜流湿地的孔隙变化大，其孔隙损失随时间变化而变化，潜流湿地处理系统的水力停留时间很难准确地确定，只能通过历史资料与经验获得。实际水力停留时间通常为理论值的 40%～80%。

表面流湿地进水在初始部分（沉降区）发生大量的絮凝、沉降，可以去除大约 80%的总悬浮物，这一区域水力停留时间大概需要 2 天。在湿地处理系统末尾部分（植被净化区）中，1～2 天的停留时间就可以去除 90%的硝酸盐。也就是说，2～3 天的水力停留时间可保证较好的反硝化作用效果。潜流湿地本身的厌氧条件正适于系统反硝化作用脱氮，当水力停留时间达到 2～4 天时，即发生强烈的反硝化脱氮作用。综合各方面的资料，可以认为，表面流湿地的总水力停留时间以 4～8 天为佳。

（二）水力坡度

表面流湿地的水力坡度是设计过程中必须考虑的问题，以免造成湿地系统发生回水、滞留阻塞问题。通常使用经过修改后的曼宁公式来计算表面流湿地的水头损失：

$$s^{1/2} = v / (1/n \times h^{2/3}) \tag{4-2}$$

其中，s 为水力坡度（无量纲），v 为平均流速（米/秒），n 为曼宁阻力系数，h 为湿地平均水深（米），n 是水深以及其他表面阻力因素的函数。

多孔介质中流体的层流运动遵循达西定律，对于潜流湿地，一般使用达西定律的原始模式：

$$Q = K \cdot A_c \cdot s = K \times W \times D_w \times (\mathrm{d}h/\mathrm{d}L) \tag{4-3}$$

$$A_c = W \times D_w \tag{4-4}$$

$$S = \mathrm{d}h/\mathrm{d}l \tag{4-5}$$

其中，Q 为流量（米^3/天）；A_c为水流横断面面积（米^2）；K 为水力传导系数［米^3/（米^2·天）］，又称渗透系数（米/天）；D_w为水深（米）；W 为潜流湿地宽度（米）。

对于定义了长度的潜流湿地，有：

$$d_h=(Q\times L)/(K\times W\times D_w) \tag{4-6}$$

其中，L 为潜流湿地长度（米），d_h为水流阻力导致的水头损失（米）。为了施工和排水的方便，潜流湿地水力坡度取 0.5%～1%。潜流湿地水力坡度取 1%，而表面流湿地水力坡度取 0.5%或者更小。水力坡度可根据填料性质及湿地尺寸加以校正，对以砾石为填料的湿地床一般要取 2%。

（三）孔隙度

人工湿地的孔隙度（ε）系指湿地土壤中孔隙占湿地总容积的比。人工湿地污水处理系统的孔隙度很难测定，在人工湿地的设计过程中，需要利用湿地土壤孔隙度，以确定水量、水力停留时间、湿地长宽尺寸等。

（四）表面负荷

表面负荷率（ALR）是单位面积湿地对特定污染物所能承受的最大负荷。设计过程中，可利用 ALR 计算湿地处理工程的面积：

$$A_s=Q\times C_0/ALR \tag{4-7}$$

其中，A_s为湿地处理面积，Q 为湿地进水流量，C_0为进水污染物浓度。对于表面流湿地进水区（植被密集区），BOD 负荷率可达 1 千克/（米^2·天）。一般推荐的潜流湿地设计 BOD 负荷率为 0.8～1.2 千克/（米^2·天）。

湿地处理系统通常可以根据某种污染物的日负荷进行设计。设计时必须准确知道污水中污染物的种类和浓度，日流量乘以某种污染物的浓度即可估计处理负荷，根据该负荷以及推荐的湿地特定污染物负荷率就可选择相应的处理面积。

（五）系统深度

为了在最小单位面积湿地内达到最有效地处理污水，在要求的水力停留时间条件下，湿地处理系统深度在理论上应该是越深越好。理论上，潜流湿地深度应为植物根系所能达到的最深处；实际上，由于植物根系很少达到理论上的最深处，一般建议深度从 40 厘米到 60 厘米不等，太深会导致根系无法输氧到底部，容易造成死区，降低工程效益。一般潜流湿地进水区域水深为40厘米，基质深度应比水深深10厘米，即系统总体深度为50厘米。

（六）处理单元长宽及其比例

根据 *ALR* 的要求计算湿地面积后，可根据以下公式求得湿地处理系统的长度（*L*）：

$$L = A_s / W \tag{4-8}$$

潜流湿地的宽度可以根据达西定律和深度推荐值来计算。将公式（4-8）代入（4-3），得：

$$W = Q \times A_s / (K \times d_h \times D_w) \tag{4-9}$$

人工湿地污水处理单元长度通常定为15～50米。过长易造成湿地床中出现死区，且使水位难于调节，不利于植物的栽培。实际经验表明，一些表面流湿地的推流状况与长宽比无关。对于长宽比较高的湿地系统，必须考虑水头损失及水力坡度等的影响，以防止进水区域的水流溢出。湿地处理系统长宽比应控制在3∶1以下，常采用1∶1；对于以土壤为主的系统，长宽比应小于1∶1。对于长宽比小于1∶1的潜流湿地，必须慎重考虑在湿地整个宽度上均匀布水和集水的问题。

（七）进出水构筑物

人工湿地的处理效果和运行可靠性非常重要，有两点非常关键：一是要注意进水装置在整个宽度上布水的均匀性，建议使用渐缩三通管及可旋转的直角弯头布水；二是出水装置在整个宽度方向上集水的均匀性，出水装置应该能够提供整个湿地的水位控制，减少水流短路现象，以改变湿地内部的水深及水力停留时间。对于较小的人工湿地处理系统，常用的进出水装置是穿孔的PVC管，长度与湿地宽度相当，均匀穿孔，穿孔大小及间距取决于进水流量、水质情况、水力停留时间等因素，建议最大孔间距为湿地宽度的10%。对于较大的人工湿地处理系统，常用多级堰（multiple weir）或者升降水箱（drop box）。对于水位控制有几点要求：①在系统接纳最大设计流量时，湿地进水端不出现壅水，以防发生表面流；②在系统接纳最小设计流量时，湿地出水端不出现填料床面的淹没，以防出现表面流；③为了利于植物的生长，床中水面浸没植物根系的深度应尽量均匀，并尽量使水面坡度与底坡基本一致。

（八）隔板装置与防渗材料

隔板是在湿地水流垂直方向或者平行方向安装的装置，用于减少短路、增强不同水深污水的混合程度，从而改善絮凝沉降效果。隔板使用取决于长宽比、单元配置情况和处理目标等。

防止湿地污水污染地下水也是人工湿地污水处理系统建设中一个至关重要的问题。一些渗透率低的天然物质可以用作防渗材料，如斑脱土、沥青等。此外，如聚氯乙烯（PVC）和高密度聚乙烯（HDPE）等人工合成膜材料，也可用作防渗层。尤其需要指出的，湿地处理系统必须保证单元进水管与出水管之间没有泄漏现象。图 4-7 是潜流湿地施工图。

图 4-7　潜流湿地施工图

三、湿地植物

（一）植物选择原则

湿地植物的选择应遵循以下三个原则：

①具有较强的生态适应能力和生态营建功能。

②具有较强的净化功能。

③具有一定的经济效益和景观效益。

（二）植物净化效果

人工湿地系统中的水生植物主要有芦苇、美人蕉、水葱、水烛、茭白、黄花鸢尾、灯芯草、千屈菜、凤眼莲、水花生、香蒲、梭鱼草、水芹、再力花、莼菜、水蕹等水生植物，表 4-1 是主要水生植物在上海地区池塘养殖尾水净化湿地中的生长情况。

表 4-1 人工湿地植物栽种密度和生物量情况

植物名称	密度（株/米²）	生物量（克/米²）	根冠比
芦苇	8	2 304	0.35
美人蕉	18	5 320	0.16
水葱	16	4 921	0.43
水烛	16	6 235	0.39
茭白	25	6 574	0.46
黄花鸢尾	17	3 105	0.19
灯芯草	12	2 034	0.36
千屈菜	19	1 963	0.24
凤眼莲	34	364	0.19
水花生	29	632	0.20
香蒲	9	2 657	0.34
梭鱼草	6	1 964	0.29
水芹	32	468	0.17
再力花	18	3 571	0.26
莼菜	46	137	0.13
水蕹	31	1 684	0.18

从表 4-1 中可以看出，芦苇、美人蕉、水葱、水烛、茭白、黄花鸢尾、灯芯草、再力花等水生植物的生物量较大，适合作为湿地植物种植。

为提高净化效率，一般采取多种植物搭配种植，不同植物搭配的净水效果及特点不同。

①马来眼子菜＋轮叶黑藻对 COD_{Mn} 的净化效果最好，养殖周期内平均去除率在 5.8%～26.0%，其他依次为香蒲、黄花鸢尾、伊乐藻、狐尾藻和菖蒲。

②马来眼子菜＋轮叶黑藻对总磷（TP）的净化效果最好，养殖周期内平均去除率在 2.5%～34.8%，其他依次为伊乐藻、水鳖＋菱角、香蒲和菖蒲。

③马来眼子菜＋轮叶黑藻对总氮（TN）的净化效果最好，养殖周期内平均去除率在 6.3%～34.9%，其他依次为水鳖＋菱角、伊乐藻、狐尾藻、香蒲、黄花鸢尾、菖蒲、芦苇、睡莲和水芹。

总体来讲，马来眼子菜+轮叶黑藻沉水植物组合的净化效果最佳，其次为伊乐藻。挺水植物中香蒲的净化效果最佳，其次为菖蒲。浮水植物中水鳖+菱角的净化效果较优。从不同植物的生长情况来看，芦苇、美人蕉、水葱、水烛、茭白、黄花鸢尾、灯芯草、再力花等水生植物的生物量较大，适合作为湿地植物种植。

四、注意事项

"池塘+人工湿地"尾水处理技术需要结合气候特点和养殖品种尾水排放要求进行设计运行，尤其需要注意以下几个方面。

（1）栽种的植物应具有良好的生态适应能力和生态营建功能。管理简单、方便是人工湿地生态污水处理工程的主要特点之一。一般应选用当地或本地区天然湿地中生长的植物。

（2）设施系统应符合当地气候条件，符合抗冻、抗热要求。人工湿地、生态沟渠等的构建需要一定的硬化结构，在北方寒冷地区构建"池塘+人工湿地"尾水处理技术模式的设施时，应考虑极端气候的影响。

（3）生态沟渠的构建可按照植物生长特点进行布置，如结合植物生境要求进行空间布局（渠底、水面、渠岸、堤面）和时间分布（不同植物生长期）有效组合，从而实现改善水质目标和景观建设的长期效应。

（4）秋季多数植物逐渐枯萎死亡，需对植物进行收割，防止植物分解和释放有机物等营养物质；在夏季需要有效防治植物出现的病虫害，以利于水生植物净化功能的发挥。

（5）植物的选择应考虑生态安全性及可综合利用性。①用作饲料，选择粗蛋白质含量大于20%（干重）的水生植物。②用作肥料，植物体含肥料有效成分较高，易分解。③生产沼气，发酵、产气植物的碳氮比一般为（25～30.5）：1。④工业或手工业原料，如芦苇可以用来造纸，水葱、灯芯草、香蒲、莞草等可用来编制草席等产品。

第四节　处理效果

根据对目前运行中的"池塘+人工湿地"尾水处理技术模式的分

析，该模式有良好的水质调控与尾水处理效果。下面以上海地区"池塘＋人工湿地"尾水处理模式进行介绍。

一、潜流湿地净化效果

表 4-2 是"池塘＋人工湿地"尾水处理模式运行期间的潜流湿地进出水的水温、pH、溶解氧（DO）、氧化还原电位（ORP）变化情况。从表 4-2 中可以看出，潜流湿地出水的 pH、溶解氧、氧化还原电位等显著低于进水（$P<0.05$），这表明湿地系统内部发生了强烈的生化反应。

表 4-2 潜流湿地进出水的理化指标

时间	水样	温度（℃）	盐度	溶解氧（毫克/升）	pH	氧化还原电位（毫伏）
6 月 10 日	进水	26.38	0.35	4.39	8.72	141.96
	出水	25.01	0.35	1.33	8.24	145.92
7 月 10 日	进水	29.46	0.33	4.57	8.87	116.23
	出水	28.02	0.33	1.26	8.10	122.06
8 月 10 日	进水	30.82	0.30	4.69	8.69	131.99
	出水	30.55	0.30	2.06	8.04	147.30
9 月 10 日	进水	26.94	0.31	3.88	7.99	121.70
	出水	26.26	0.31	0.79	7.81	137.20

表 4-3 是潜流湿地对总氮、总磷和 COD 等的净化情况。可以发现，潜流湿地进出水体的总氮、总磷和 COD 含量有明显差异（$P<0.05$），表明潜流湿地对养殖水体中的氮、磷营养盐有明显的去除效果，潜流湿地对养殖水体中的总氮、总磷和 COD 去除率分别达 52%～62%、39%～67%和 17%～42%。

表 4-3 潜流湿地水质净化效果

时间	水样	总氮质量浓度	总磷质量浓度	COD
6 月	进水（毫克/升）	1.34±0.15	0.28±0.07	6.10±1.70
	出水（毫克/升）	0.64±0.05	0.18±0.04	5.00±1.56
	去除率（%）	52	35	18

（续）

时间	水样	总氮质量浓度	总磷质量浓度	COD
7月	进水（毫克/升）	1.22±0.18	0.43±0.08	7.56±1.29
	出水（毫克/升）	0.56±0.04	0.26±0.02	6.27±1.05
	去除率（%）	54	39	17
8月	进水（毫克/升）	1.39±0.18	0.44±0.07	4.92±0.96
	出水（毫克/升）	0.57±0.02	0.16±0.01	3.20±0.87
	去除率（%）	59	64	35
9月	进水（毫克/升）	1.72±0.32	0.42±0.08	6.50±1.80
	出水（毫克/升）	0.65±0.06	0.14±0.02	3.77±1.02
	去除率（%）	62	67	42

注：平均值±标准差。

从表4-3中可以看出，随着养殖时间的延长，潜流湿地对总氮、总磷和COD的去除效率越来越高，这与水生植物的生物量增加和湿地生化效率不断提升有关。

二、生态沟渠净化效果

经测量，该系统生态沟渠的植物生物量平均变化量为2.0～35.0千克/米^2。水质分析发现，生态沟渠进、出水的氨氮（NH_4^+-N）、亚硝态氮（NO_2^--N）、硝态氮（NO_3^--N）、总氮（TN）、总磷（TP）、COD等水质指标存在着显著差异（$P<0.05$），生态沟渠对养殖排放水有明显的净化作用。生态沟渠对养殖水体中的氨氮、亚硝态氮、硝态氮、总氮、总磷和COD的去除率分别达49.49%、62.50%、−28.75%、18.35%、17.39%和18.18%（表4-4）。其中，出水的硝态氮明显高于进水，说明生态沟的氧化作用促进了亚硝态氮向硝态氮的转化。

三、生态塘净化效果

与生态沟渠一致，运行期间生态塘进、出水的氨氮、亚硝态氮、总氮、总磷、COD等水质指标有显著差异（$P<0.05$）。生态塘对养殖水体中的氨氮、亚硝态氮、硝态氮、总氮、总磷和COD的去除率分别为24.00%、50.00%、17.48%、24.72%、26.32%和5.86%（表4-4）。

表 4-4 生态沟渠和生态塘水质净化效果

水样		NH_4^+-N	NO_2^--N	NO_3^--N	TN	TP	COD
生态沟渠	进水（毫克/升）	0.99^a±0.25	0.16^a±0.06	0.80^a±0.29	2.18^a±0.99	0.46^a±0.13	7.92^a±2.36
	出水（毫克/升）	0.50^b±0.25	0.06^b±0.04	1.03^b±0.43	1.78^b±1.32	0.38^b±0.07	6.48^b±2.33
	去除率（%）	49.49	62.50	−28.75	18.35	17.39	18.18
生态塘	进水（毫克/升）	0.50^b±0.25	0.06^b±0.04	1.03^b±0.43	1.78^b±1.32	0.38^b±0.07	6.48^b±2.33
	出水（毫克/升）	0.38^c±0.10	0.03^c±0.03	0.85^c±0.33	1.34^c±0.35	0.28^c±0.07	6.10^c±1.70
	去除率（%）	24.00	50.00	17.48	24.72	26.32	5.86

注：表中同列不同小写字母表示显著性差异（$P<0.05$）。

四、系统节水与减排分析

长江流域大宗淡水鱼池塘养殖的换水次数一般3～5次/年，养殖补充水主要用于换水、蒸发补水和捕鱼排水。据气象资料，江浙地区的年平均降水量为1 078.1毫米，年平均蒸发量为1 346.3毫米，该地区池塘养殖的蒸发补充水量约为总水体的13.4%。

“池塘＋人工湿地”尾水处理技术模式中的耗水主要是蒸发和捕鱼排水，其补充水量与传统池塘一致，其排水主要是清塘排水，一般1年1次。表4-5是“池塘＋人工湿地”尾水处理技术模式与传统池塘养殖的用水与排放情况比较。

表 4-5 不同养殖方式的用水与污染排放比较

项目	补充水（米^3/千克）		总氮排放（克/米^3）	总磷排放（克/米^3）	COD排放（克/米^3）
	蒸发补充	捕鱼排水			
传统池塘养殖	0.18	4.0～6.7	16.8～28.1	6.4～10.8	49.2～82.4
“池塘＋人工湿地”模式	0.18	1.3～2.6	1.7～3.5	0.4～0.7	7.9～15.9
平均减少率（%）		63.6	88.4	93.6	81.9

注：总氮排放（单位产量的总氮排放量）＝排放水体中总氮含量×单位产品排水量，总磷排放与COD排放计算方法同总氮排放。

第五节　应用范围

“池塘＋人工湿地”尾水处理技术模式具有适用范围广、运维成本低等特点，适合我国主要水产养殖方式的尾水处理。我国的池塘养殖主要分布在长江中下游、珠三角地区，西北、华北、东北等地也有一定的规模。与工业、生活等污水相比，水产养殖排放尾水主要是氮、磷污染，其污染物含量相对较低（总氮 5.0 毫克/升，总磷 1.0 毫克/升）。由于不同区域的自然环境条件不同，养殖规模的产量存在着较大差异，在应用中应结合当地自然条件和养殖特点进行规划建设。其中，长江流域（四川、湖南、湖北、江西、安徽和江苏）、珠三角地区（广东、广西）和沿海地区（浙江、福建和山东）是我国淡水水产养殖排污强度较高的区域，不但水产品养殖种类繁多，而且高排污水产品养殖量较大。目前“池塘＋人工湿地”尾水处理技术模式在全国各地已有应用，并在此技术基础上形成了一些重要的绿色养殖模式。

（1）池塘循环水生态工程化养殖模式（图 4-8）　主要集中在华东、华中、华南等水网地区，针对大宗淡水鱼、特色淡水鱼等养殖密度高、水源水质差等特点，构建了基于“池塘＋复合人工湿地＋生态沟渠”的池塘循环水生态工程化养殖模式，池塘水体中的氮、磷、COD 等指标可控制在《无公害水产品　产地环境要求》（GB 18407.4）范围之内，水体中浮游生物、菌群结构得到有效控制，养殖尾水 80％以上循环利用或达标排放，整体节水 60％、减排 80％以上、增效 25％

图 4-8　池塘循环水生态工程化养殖模式

以上。在西北、华北等干旱缺水地区，针对节水、减排、生态修复等要求，构建的适合大宗淡水鱼、特色淡水鱼等池塘生态养殖要求的“地表水湿地净化＋种养结合＋废弃物资源化利用”循环水模式，可实现节水 60％、节能 80％、增效 25％以上的效果。

（2）池塘多级复合养殖模式（图 4-9） 在华东地区，针对面源污染、水源涵养等要求，构建了“成蟹（虾）＋蟹（虾）种＋草食性鱼类＋湿地尾水处理”的虾、蟹及大宗淡水鱼等的池塘多级复合养殖模式，使养殖水体中氮、磷的再利用率提高 50％以上，养殖尾水达标排放，经济效益提高 15％以上。在华南地区，构建了适合大宗淡水鱼、特色淡水鱼等池塘生态养殖要求的“生物膜＋池塘底部改良＋轮捕轮放＋模块湿地处理”的池塘复合养殖模式，实现三年草鱼池塘养殖污染“零排放”，提升了脆肉鲩品质，节水 60％以上，增效 20％以上。在华北、华东等沿海滩涂区，构建了适合大宗鱼等池塘生态养殖要求的“池塘绿色养殖＋水资源利用＋土壤修复”综合种养模式，养殖产量超过 1 000 千克/亩，经济效益提高 60％以上，节水、减排 50％以上，为滩涂可持续开发和生态修复提供了新模式。

图 4-9 池塘多级复合养殖模式

（3）池塘湿地渔业模式（图 4-10） 在黄河、淮河等河滩区域，针对水源涵养、生态保护、绿色发展等要求，构建了符合大宗淡水鱼、特色淡水鱼等池塘生态养殖要求的“生物浮床＋水质调控＋生态沟渠＋生态塘（藕或有机稻）”池塘湿地渔业模式，培育了国家无公害品牌“黄河谷”大鲤鱼，减少养殖换水 60％以上，效益提高 30％以上。

图 4-10　池塘湿地渔业模式

（4）池塘以渔治碱模式（图 4-11）　在西北等盐碱水域，针对盐碱治理、次生盐碱防控、生态修复、绿色发展等要求，构建了适合大宗淡水鱼、虾蟹、特色淡水鱼等池塘生态养殖要求的“水系分隔＋渗水排碱＋养殖降碱”池塘以渔治碱模式，降低盐碱 80%，综合效益提高 60%，成为盐碱和次生盐碱治理的新途径。

图 4-11　以渔治碱模式

以上应用案例的池塘水质均符合《无公害水产品　产地环境要求》（GB18407.4），尾水排放均符合《淡水池塘养殖水排放要求》（SC/T 9101—2007）。人工湿地用于尾水处理具有经济实用的特点。它能够充分发挥资源的生产潜力，防止环境二次污染，获得污水处理与资源化的最佳效益，具有较高的环境、经济及社会效益，适合于处理水量不大、水质变化小、管理水平要求不高的养殖尾水处理。

第六节 典型案例

上海某水产养殖场位于上海市崇明区南星村，占地面积390亩，养殖池塘面积约233.3亩，主要养殖草鱼，有较为完善的进排水管道、道路系统，并建有排水沟，基础设施条件良好，适合进一步完善尾水治理。

一、建设内容与目标

主要建设养殖尾水处理工程，总面积为18 715米^2（约28亩），约占全场土地面积的7.2%。其中，建设生态沟渠9 690米^2，沉淀池1 320米^2，综合净化塘3 302米^2，人工潜流湿地3 302米^2，复氧池1 100米^2，以及相应的配套进排水设施系统。

根据生态养殖要求，控制养殖密度低于1 500千克/亩。根据当地现状，建设配套的复合人工湿地净化工程，治理净化后水体主要指标达到地表水Ⅲ类水标准，实现达标排放或内部循环利用的建设目标。

二、主要技术工艺

（一）水质要求

根据崇明区尾水排放要求，设计草鱼养殖池塘的水质和尾水指标（表4-6）。

表4-6 鱼池排放水及达标排放水质指标

检测内容	COD_{cr}（毫克/升）	NH_3-N（毫克/升）	TN（毫克/升）	TP（毫克/升）	pH
池塘水质	50	2	3	0.33	6.0～9.0
尾水处理水质	20	1	1	0.05	6.0～9.0

（二）排放量

规划区有鱼池233亩，平均水深2.0米。为了提高换水效果，将全场养殖池塘根据面积均分为5个片区，每天集中为一个片区换水，换水量为该片区池塘水量的10%，每5天可将全场池塘换水一遍，则日换水量为5 283.97米^3。养殖污染物高峰期日排放量见表4-7。

表 4-7 养殖污染物高峰期日排放量

检测内容	COD_{cr}	NH_4^+-N	TN	TP	pH
水质均值（毫克/升）	50	2	3	0.33	6.5～8.5
排放量（千克）	264.20	10.56	15.85	1.74	6.0～9.0

（三）处理工艺

采取“池塘排水＋生态沟渠＋沉淀池＋综合净化塘＋潜流湿地＋复氧池”的尾水处理技术工艺。尾水经净化后，可达标排放和循环利用。工艺流程图如图 4-12 所示。

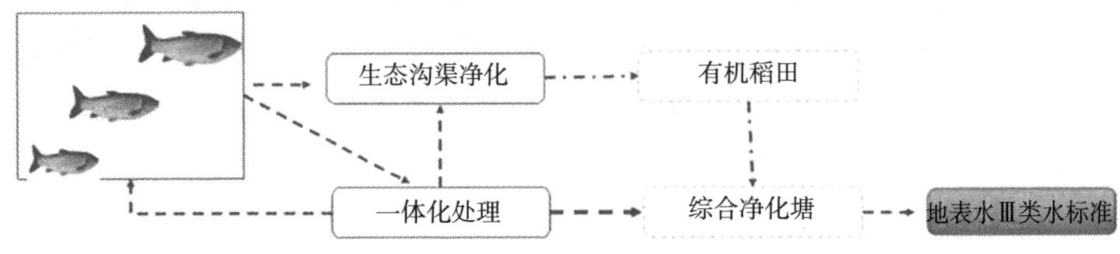

图 4-12 养殖尾水处理工艺流程图

（四）各部分规划设计

1. 生态沟渠

利用养殖区域内原有排水渠道改造而成，渠道长度 1 615 米，日常水位宽度 6 米，平均水深约 1.6 米。在渠道两岸种植挺水植物；内部架设人工浮床，浮床面积约占沟渠水面的 1/6；在沟渠内部间隔 100～150 米布设增氧曝气机，对水体进行曝气增氧。通过挺水植物、人工浮床和曝气增氧设备提高生态沟渠对养殖水体的净化效率，净化后的水将汇集至沉淀池。生态沟渠设计方法及指标见表 4-8，生态沟渠净化指标见表 4-9。

表 4-8 生态沟渠设计方法及指标

名称	公式	符号说明
沟渠面积（公顷）	$F=\frac{(L_a-L_t)\ Q}{10\ 000}$	L_a——进入沟渠前污水 BOD_5，克/米^3 L_t——综合塘处理后出水 BOD_5，克/米^3 Q——平均污水量，米^3/天
停留时间（天）	$t=\frac{V}{Q}$	V——沟渠有效容积，米^3 Q——BOD_5 设计负荷，米^3/天

表 4-9 生态沟渠净化指标

类型	BOD_5表面负荷［克/（米^2·天）］	水力停留时间（天）	出水 COD（毫克/升）	COD 去除率（%）
生态沟渠	60	2.93	39	22

按 COD 计算，池塘养殖尾水的日排放量 $Q_d=Q_{鱼塘d}=5\ 283.97$ 米^3/天。生态沟渠有效蓄水量 $V_{沟}=1\ 615\times6\times1.6=15\ 504$ 米^3，生态沟渠有效水面 $S_{沟}=1\ 615\times6=9\ 690$ 米^2，生态沟渠 BOD_5表面负荷≈5 克/（米^2·天），现有进水 COD 浓度≈50 毫克/升。

2. 沉淀池

主要用于养殖尾水的沉淀处理。经生态沟渠净化后的水体进入沉淀池后，滞留一定时间，使水体中粪便、残饵等颗粒物沉淀至池底从而被去除。为了强化沉降效果，在沉淀池中设置水生植物滞留区和人工浮床，促进水体中悬浮物的沉降及吸收利用水体中营养盐。相关设计参数、公式、效率见表 4-10 至表 4-12。

表 4-10 沉淀池设计参数

类型	污水量（米^3/天）	进水 COD 浓度（毫克/升）	水力停留时间（天）	BOD_5表面负荷［克/（米^2·天）］
沉淀池	5 283.97	37.77	0.5	100

表 4-11 沉淀池计算公式

名称	公式	符号说明
沉淀池（公顷）	$F=\frac{(L_a-L_t)\ Q}{10\ 000}$	L_a——进入沉淀池前污水 BOD_5，克/米^3 L_t——综合塘处理后出水 BOD_5，克/米^3 Q——平均污水量，米^3/天
停留时间（天）	$t=\frac{V}{Q}$	V——沉淀池有效容积，米^3 Q——BOD_5设计负荷，米^3/天

根据水力停留时间公式和沉淀池面积公式，得到沉淀池有效容积 $V=Q\times t=5\ 283.97\times0.5=2\ 641$ 米^3，平均水深 $h=2$ 米，则沉淀池面积 $F=V/h=2\ 641/2=1\ 320$ 米^2。

表 4-12 沉淀池相关参数及效率

类型	有效容积（米^3）	平均水深（米）	沉淀池面积（米^2）	出水 COD（毫克/升）	COD 去除率（%）
沉淀池	2 641	2	1 320	36.5	6

3. 综合净化塘

综合净化塘分为浅水区和深水区，平均水深超过 2.0 米。其中，浅水区水深 0.5 米左右，种植挺水、沉水植物；深水区平均水深 2.5 米，架设生物浮床，浮床面积占深水区面积的 10%～30%，同时在深水区投放贝类、滤食性和杂食性鱼类，控制水体中藻类和悬浮有机物，以实现对池塘废水的有效净化。同时，在综合净化塘靠近人工潜流湿地端，设置生物滤床，实现对水体中藻类、悬浮有机物的进一步过滤与降解，防止人工湿地堵塞。相关设计参数、公式、效率见表 4-13 至表 4-15。

表 4-13 综合净化塘设计参数

类型	污水量（米^3/天）	进水 COD（毫克/升）	设计出水 COD（毫克/升）	BOD_5表面负荷［克/（米^2·天）］	水力停留时间（天）
净化塘	5 283.97	36.5	30.0	8	1.6

表 4-14 综合净化塘计算公式

名称	公式	符号说明
面积（公顷）	$F=\frac{(L_a-L_t)\ Q}{10\ 000}$	L_a——综合净化塘前污水 BOD_5，克/米^3 L_t——综合净化塘处理出水 BOD_5，克/米^3 Q——平均污水量，米^3/天
停留时间（天）	$t=\frac{V}{Q}$	V——综合净化塘有效容积，米^3 Q——BOD_5设计负荷，米^3/天

表 4-15 综合净化塘相关参数及效率

类型	有效容积（米^3）	平均水深（米）	综合净化塘面积（米^2）	COD 去除率（%）
综合净化塘	8 437	2	4 218	17.55

4. 人工湿地

参考《人工湿地污水处理工程技术规范》等，按 COD 计算，污水量 Q=5 283.97 米^3/天。进水 COD 浓度≈30 毫克/升，出水 COD 浓度=20 毫克/升。相关人工潜流湿地主要设计参数、相关参数分别见表 4-16、表 4-17。

表 4-16 人工湿地主要设计参数

人工湿地类型	BOD_5 负荷	水力负荷［米^3/（米^2·天）］	水力停留时间（天）
表面流人工湿地	15～50	＜0.14	～8

（续）

人工湿地类型	BOD_5 负荷	水力负荷［米³/（米²·天）］	水力停留时间（天）
水平潜流人工湿地	80～120	<0.51	～3
垂直潜流人工湿地	80～120	<1.0（建议值：北方 0.2～0.5，南方 0.4～0.8）	1～3

表 4-17 人工潜流湿地相关参数

类型	有效容积（米³）	湿地深（米）	湿地面积（米²）	出水 COD（毫克/升）	COD 去除率（%）
潜流湿地	3 302	1	3 302	20	33.3

湿地面积 $A=$［5 283.97×（30－20）］/16＝3 302 米²，设计潜流湿地深 $h=1$ 米。

5. 复氧池

尾水经过潜流湿地净化后，水体中溶解氧浓度低，通过增氧曝气或自然复氧。设计复氧池水力停留时间不小于 5 小时，池中水深约 1 米，有利于自然富氧。复氧后水体溶解氧浓度大于 5 毫克/升，满足地表水Ⅲ类水标准，回用至池塘或达标排放。复氧池设计参数见表 4-18。

表 4-18 复氧池设计参数

类型	污水量（米³/天）	水力停留时间（天）	复氧池容积（米³）	池深（水深，米）	复氧池面积（米²）
复氧池	5 283.97	>0.25	>1 100	1.0	1 100

根据复氧池容积和复氧池面积公式，得复氧池容积为 1 100 米³，复氧池面积为 1 100 米²。

三、尾水处理效果

池塘养殖经生态沟、沉淀池、综合净化塘、人工潜流湿地系统对氨氮、TN、TP 的去除效率和效果见表 4-19。

表 4-19 尾水处理效果

项目	进水	生态沟	沉淀池	综合净化塘	人工潜流湿地	复氧池	合计
面积（米²）		9 690	1 320	3 302	3 302	1 100	18 714
蓄水（米³）		15 504	2 641	6 604	3 302	1 100	

（续）

项目	进水	生态沟	沉淀池	综合净化塘	人工潜流湿地	复氧池	合计
COD（毫克/升）	50	39	36.5	30	20	20	
去除率（%）		22	6	18	33	不计	60
TP（毫克/升）	0.33	0.23	0.18	0.1	0.04	0.04	
去除率（%）		30	22	44	60	不计	88
氨氮（毫克/升）	2	1.45	1.4	1.1	0.6	0.6	
去除率（%）		28	3	21	46	不计	70
TN（毫克/升）	3	2.27	2.19	1.7	0.9	0.9	
TN（%）		24	3	22	47	不计	70
溶解氧（毫克/升）	—	—	—	—	—	>5	—

从运行结果来看，“池塘＋人工湿地”尾水处理技术模式具有生态、安全、高效的特点，是改变传统养殖方式、提高养殖效果的有效途径。该模式将池塘与生态工程化设施相结合，通过一级动力提升，实现池塘养殖水体循环利用，达到节水减排目的。养殖期间，“池塘＋人工湿地”尾水处理技术模式系统内的氨氮、亚硝酸盐、硝酸盐、总氮、总磷、高锰酸盐指数等保持较低水平和稳定状态，池塘藻类结构明显优化，藻相适合养殖要求，可节水60%以上、减排80%以上。目前这种模式已在长三角、珠三角等水质性缺水地区和西北干旱地区应用。规划效果图如图4-13所示。

图4-13　规划效果图

第五章 池塘底排污养殖尾水处理技术模式

第一节 模式简介

一、模式概念

池塘底排污尾水处理技术模式是通过对传统养殖池塘进行升级改造，实现残饵、粪污收集及尾水达标排放。在养殖池塘底部修建排污设施，将养殖过程中产生的含残饵、粪便等有机颗粒废弃物的尾水排出池塘，经处理后进行资源化循环利用或达标排放。

池塘底排污工程，主要技术要点包括池塘的塘底具有一定坡度，在塘底的最低处设置排污口，在排污口处设置拦鱼栅，池塘通过塘底的排污口与排污管道系统连通。多个池塘一侧设置污水固液分离池，排污水管弯头和排污插管连接的出水口端与污水固液分离池底部连通，并在污水固液分离池底部安装带截止阀的污水沉淀物排水管，上部安装污水上清液排水管。污水上清液排水管通过管道与人工湿地连通。排出的底层污水进入沉淀池物理沉淀，底层沉淀物做农作物的有机肥料。上清液则排入人工湿地，在人工湿地种植水生植物、养殖滤食性鱼类等，利用生物净化，达到Ⅲ类地表水标准后循环使用或排入沟渠，从而使整个养殖过程达到生态、环保的要求。

二、国内外池塘尾水管理现状及底排污尾水处理的优势

西方国家水产养殖业以海水网箱养殖为主，其池塘养殖业不及我国发达。面对日趋严重的环境压力，各国主要采取控制产量的手段来控制尾水排放。例如，美国通过池塘大面积产鱼控制（300～400 千克/

亩），排出的养殖废水经湿地净化，达国家地表水排放标准才能排放。以色列和澳大利亚通过产鱼控制（300～400 千克/亩），并安装增氧机，来控制尾水的产生和排放。日本则控制池塘养鱼发展，以此减少池塘尾水、向世界各国采购鱼虾。而在一些发展中国家，如越南、柬埔寨等国家，其池塘养殖业正处于起步发展阶段，池塘环保工程的发展相对滞后。

近年来，随着我国水产养殖集约化发展，高密度的水产养殖模式产生的残饵、鱼体排泄物积累越来越多，引起养殖水体富营养化、水质恶化，导致鱼病频发、饲料转化率低、养殖成本增加，造成巨大的经济损失和生态污染。年亩产 2 000 千克成鱼的精养塘，年排泄物可达 5.62 千克/米^2（相当于有机干物质 1.12 千克/米^2）。我国多数精养池塘沉积物量超过水体自净能力，成为养殖水体最大的内源性污染源，而养殖废水若未经任何处理就直接排放到农灌渠，会给当地流域及下游流域带入大量外源性营养物质，造成环境污染。

目前，我国传统池塘建设大多按照农田蓄水灌溉工程设计修建，池塘缺乏渔业环保工程设施装备，这严重制约池塘养殖业健康发展。池塘养殖废水治理已然成为现代水产发展养殖生态健康的必然趋势。池塘底排污养殖尾水处理技术是解决池塘养殖水体水质环境恶化问题，避免水产资源环境基础受到严重威胁，实现环保、节水、高效养殖的有效途径。

池塘底排污系统是集成“深挖塘、底排污、固液分离、湿地净化、鱼菜共生、节水循环与薄膜防渗、泥水分离”的水质改良技术。该技术通过物理净化与生物净化相结合，防治养殖水体内外源性污染，促进养殖水体生态系统良性循环，可有效改善池塘养殖水质条件，为提高水产养殖产量，确保生产出质量安全的水产品和实现节能减排、资源有效利用提供支撑。

三、技术简介

（一）池塘底排污技术

通过对传统养殖池塘进行升级改造，实现残饵、粪污收集及尾水达标排放。在养殖池塘底部修建排污设施，将养殖过程中产生的含残饵、粪便等有机颗粒废弃物的尾水排出池塘，经处理后进行资源化循环利用或达标排放。池塘底排污关键技术的应用具有成本低、效果好、见效快、操作简单、低碳、环保、底泥变废为宝等优势，在治理水产养殖污染和修复环境方面发挥了巨大作用。

（二）固液分离技术

固液分离是水产养殖水处理中的一个关键环节，是将养殖水体中的固体颗粒物从水体中分离出来的过程。按照分离原理，其可分为重力分离、离心分离、过滤截留、吸附和浮选等，每种方式都有各自的优缺点。在任何养殖环境（海水、半咸水和淡水）和养殖模式（流水、网箱、池塘流水和循环水养殖系统）下，养殖水体中都会产生固体颗粒物，尤其是高密度养殖条件下，需要及时地将固体颗粒物快速且有效地从水体中分离出来，以保持养殖对象的健康和养殖系统的稳定性，并解决或减少由固体颗粒物造成的环境问题。在实际的淡水养殖系统中，通常用重力分离、离心分离和过滤截留等方式来去除颗粒物。

固液分离技术就是把排出的养殖沉积物进行固液分离，将养殖沉积物分离为固形物和分离液。通过物理的方法，主要分离养殖水体中的漂浮物质和固体悬浮颗粒物等大的颗粒物，如残余饵料、排泄物、藻类、原生动物。常见设施设备有固定筛、沉淀池、微滤机、泡沫分离器等。

（三）多级生态处理技术

生态池塘用塘基隔开，分成一级沉淀净化池、二级沉淀净化池和三级沉淀净化池三个部分，面积比为1∶1∶8。一级沉淀净化池水位要比二级沉淀净化池高20厘米，二级沉淀净化池水位要比三级沉淀净化池高15厘米，各级沉淀净化池中的水呈瀑布状漫出，进入下一级沉淀净化池。经过三级沉淀净化处理后，池塘水进入进水水泵池。

四、增产效果

池塘设置了底排污系统后，对底层污水和养殖沉积物的排出率可达80%，同时可比常规池塘减少80%以上的清淤能耗和劳动成本。排出的底层污水进入固液分离池，通过自然沉淀和过滤，达到泥水分离，其中沉淀物作为农作物的有机肥料或作为沼气池发酵原料，上清液排入人工湿地循环利用或滴灌种植水生蔬菜，重复利用率达100%，水体净化处理后通过抽提进入养殖池循环利用，可节水60%。底排污池塘与传统池塘相比，亩均产量提高 20%（增加 250 千克以上），亩养殖效益增加 3 000 元以上。

五、适用范围

池塘底排污尾水处理是不同类型技术的组合应用，具体到不同原理的技术，适用范围有所不同。

池塘底排污技术适用范围：除鱼苗和鱼种之外的所有高产养殖池塘。由于鱼苗、鱼种的防逃问题，禁止在鱼苗和鱼种养殖期间排污，可以在养殖间歇期间进行自动排污。

固液分离技术适用范围：可以应用到池塘工程化循环水养殖系统、底排污池塘养殖系统、集装箱式养殖系统等粪污和残饵收集度较高的养殖模式中。

第二节　技术原理

池塘底排污技术创新配套组装“深挖塘、底排污、网箱鱼粪抽提系统、固液分离、湿地净化、鱼菜共生、节水循环与薄膜防渗、泥水分离”环保设施渔业系统工程，通过生物净化与生态养殖的综合技术集成，防控水产养殖导致的水域污染，促进养殖水体良性循环，确保持续产出质量安全的水产品。池塘底排污尾水处理技术模式技术原理主要由池塘底排污技术、固液分离技术、多级生态处理技术、有机废弃物资源化利用技术等关键技术原理集成。该模式具体建设、工艺流程如图 5-1 所示。

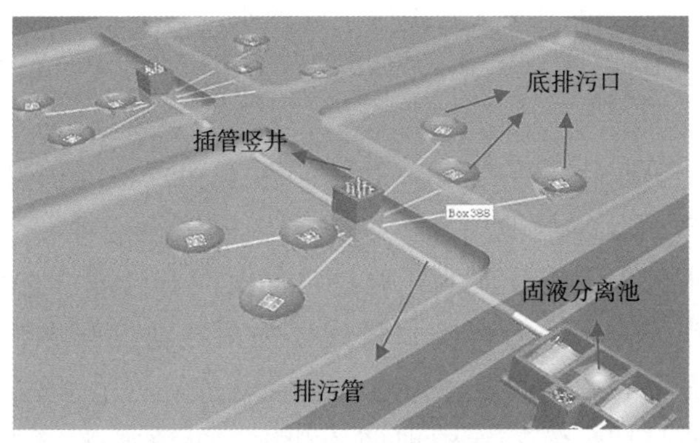

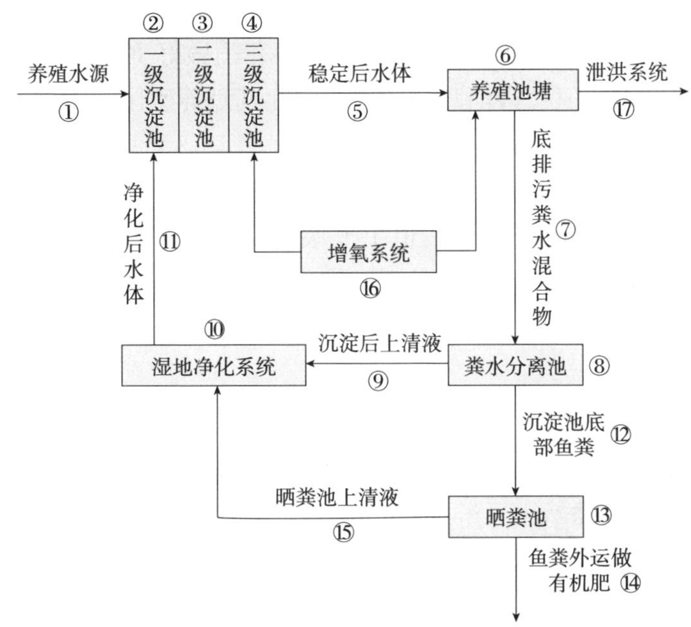

图 5-1　养殖池塘底排污系统建设及工艺流程图

一、池塘底排污技术

池塘底排污是指在养殖池塘底部最低处的不同位置，根据池塘大小建多个漏斗形的排污拦鱼口。在水体的静压力和抽提排污管自溢下，通过移污管将养殖过程中沉积的鱼体排泄物、残饵及水生生物尸体等从养殖水体中排出。配套组装的底排污系统将有机颗粒废弃物先后经过固液分离池和鱼菜共生湿地净化，固体沉积物作为农作物有机肥，上清液则用来滴灌水生蔬菜、花卉等，或通过生物净化达到《渔业水质标准》或《地表水环境质量标准》Ⅲ类水的标准，再循环回养殖池塘。该技术实现渔业健康养殖零污染、零排放，为渔业的健康持续发展提供了环保工程设施装备和技术支撑。

池塘底排污工程包括：池塘底部坡度为0.2%～7.0%，底排污口在池塘最低处，池塘埂内、外安装与其相连的平移管、插管或闸阀（根据地形地貌和污水的处理方法而定）。

二、固液分离技术

固液分离的主要原理是利用密度不同对养殖尾水中污染颗粒进行沉

淀分离，主要作用是沉砂。养殖尾水中的污染物主要以固体的粪便、残饵和溶解在水中的氮、磷等物质的形式存在，做好养殖尾水固液分离，可以大大减轻水体氮、磷消减的压力，因此其是养殖尾水治理的关键。

（一）分离方法

1. 固定筛过滤法

固定筛过滤法是在过水渠道上安装筛网，当水流通过后，大的颗粒物被截留在筛网的一侧。该方法一般常用来处理粒径小于1.5毫米的颗粒物。

2. 沉淀池法

沉淀池是使悬浮物自然下沉、凝聚，并不断将其排出的结构装置。需利用鱼池的特殊结构，设计出合理的沉淀池结构。

3. 泡沫分离器法

泡沫分离技术采用表面吸附的原理。当微气泡与固体悬浮颗粒接触时，产生表面吸附作用。微气泡向上运动，水中的悬浮颗粒和胶质便附着在微气泡表面上，最终上浮到水面被排出。

4. 微滤机过滤法

微滤机有转鼓式、转盘式和履带式三种，使用最广泛的是转鼓式微滤机，其具有自动化程度高、水头损失低、占地面积少、适用性强和便于使用维护等优点。目前，在水产养殖领域，国内外市场上常见的转鼓式微滤机品牌较多，不同企业生产的转鼓式微滤机也存在着多种型号。微滤机过滤法就是利用不同目数的过滤网对养殖水进行粗过滤和精过滤，能连续、有效、快速地将水体中的残饵、粪便等大的颗粒物排出，减少颗粒物的分解对水产动物带来的毒害作用。

（二）分离原理

固液分离池由1～3个沉淀池串联而成。单个沉淀池面积为养殖面积的0.5%～1.0%。长、宽、深比约为6.5∶3.3∶1（深度可视具体情况做调整）。

依据流体力学原理，结合有关研究，当养殖水体流速大于0.26米/秒时，泥沙可随水流动；流速大于0.16米/秒时，鱼粪等悬浮物可流动；流速小于0.1米/秒时，泥沙和鱼粪可沉淀。笔者团队设计了一种固液分离池（图5-2），通过固液分离池工程建设，结合滤网，可有效地实现固液分离（图5-2）。

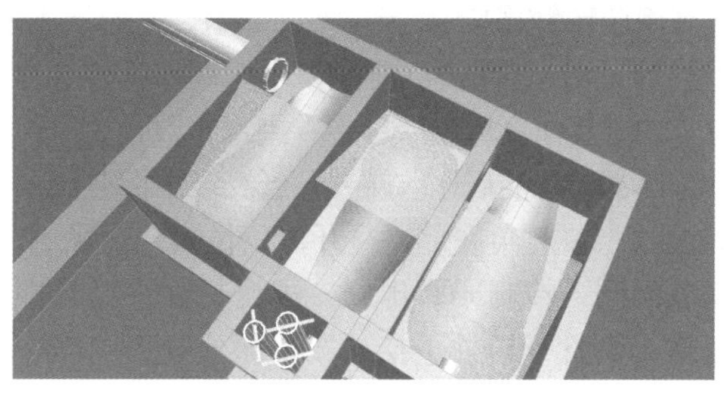

图 5-2 固液分离池模型（俯视图）

固液分离池按相对密度对养殖尾水中污染颗粒进行沉淀分离。一级沉砂池滞留 1 分钟左右，平均流速以 0.26 米/秒为标准，可分离出粒径 0.2 毫米以上的沙砾。若水流速度较高，可在出水口安装有孔分流板以降低流速。若水流速度太慢，有机物会在这一级沉淀。

固液分离池分为三级（图 5-3）：一级主要沉砂，相对密度最大的沙砾在这一阶段快速沉淀；二级主要沉降鱼粪、残饵等相对密度居中的颗粒；三级主要去除有机悬浮物。

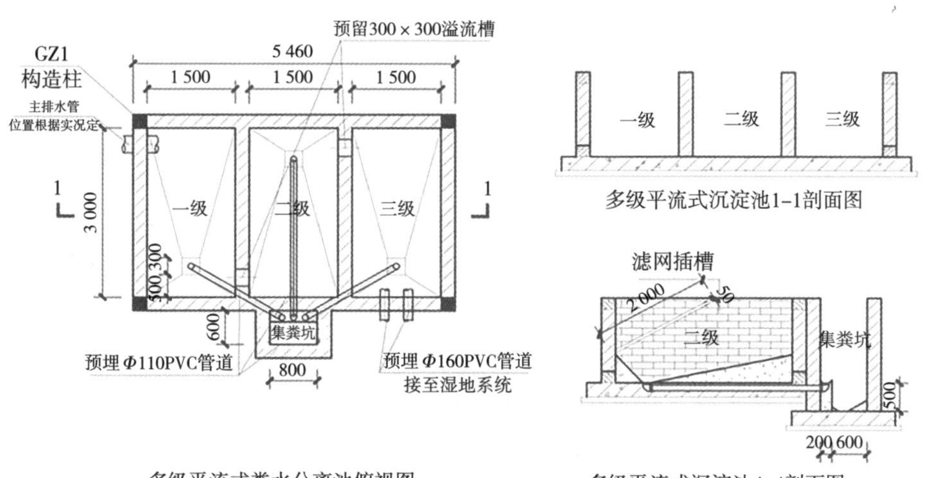

图 5-3 多级平流沉淀池结构图（单位：毫米）

固液分离池底部倾斜，是为了让污泥能顺利下滑落入污泥区。固液分离池的分隔，可以大大改善水力条件。水流通过隔板处于层流状态，此时颗粒的沉降几乎不受水流的影响，提高了沉降稳定性，接近于理想条件下的高效率运行。

在计划地点用砖坯修葺长 10 米，宽 6.5 米，一边深 1 米，另一边深 0.5 米的梯形池（具体长宽深按沉淀池大小比例计算），中间砌两道砖墙隔开，一分为三。夯实池底后砌一层砖。进水口对角留一约 30 厘米×20 厘米的溢水口。污水经沉淀后逐级转移，经三级沉淀后流入湿地。

每个沉淀池入水口对角底部留一开口，供安装直径 10 厘米排泥管。排泥管下端安装闸阀，控制泥粪排放。排泥粪管将泥粪排到集粪沟渠。集粪沟渠需在排泥粪管下口处下挖，宽、深分别为 40 厘米，沟上部留出宽度至少 50 厘米的空间，供工作人员行走、操作。可根据地形等具体情况调整。沉淀池经长期使用，泥粪可能积累在其底部，需准备一刮泥板（带柄木板即可），以备泥粪累积后将其顺着坡度刮入排泥口，最终使其流入泥粪池。

三、多级生态处理技术

养殖尾水依次流经生态沟、沉淀池、生物滤池、生物净化池，通过水生植物吸收、沉淀吸附、微生物降解等作用，降低化学需氧量（COD）、氨氮、总磷、总氮等含量，实现净化处理。

鱼菜共生模式是将无土栽培技术与养殖技术有机结合，比单独的养殖与种菜更省空间与资源，更省设备与成本管理投入，是符合现代食品消费趋势的一种良好的生产模式，更是有效解决农业生态危机的有效方法。

尾水处理—重庆案例

在底排污池塘配套人工湿地，湿地中鱼菜共生。人工湿地面积为养殖池塘面积的 5%～10%，种植水生蔬菜、花卉的浮床面积为人工湿地面积的 10%～30%。浮床内种植的水生蔬菜、花卉吸收水体中营养盐类和二氧化碳，防止水体富营养化，起到生物碳汇的作用。浮床内养殖泥鳅、黄鳝等进行鱼菜共生立体种养，结合无土栽培蔬菜技术，选择最佳水生蔬菜、花卉品种，并在养殖过程中对水体进行理化指标检测及浮游生物动态变化监测。鱼菜共生具体运用如图 5-4、图 5-5 所示。

用鱼菜共生方法实现养鱼与种菜两者间的互作组合，达到共同促进与效益叠加的效果。同时通过水生植物吸收水体中的二氧化碳进行光合作用，以鱼排泄物及残饵作为蔬菜生长的养料，而蔬菜的根系与微生物群落又是水质处理净化的最佳生物过滤系统，让动物、植物、

图 5-4 双流万福水产品养殖场鱼菜共生

图 5-5 双流永兴渔业合作社鱼菜共生

微生物三者之间达到一种和谐的生态平衡关系（图5-6）。

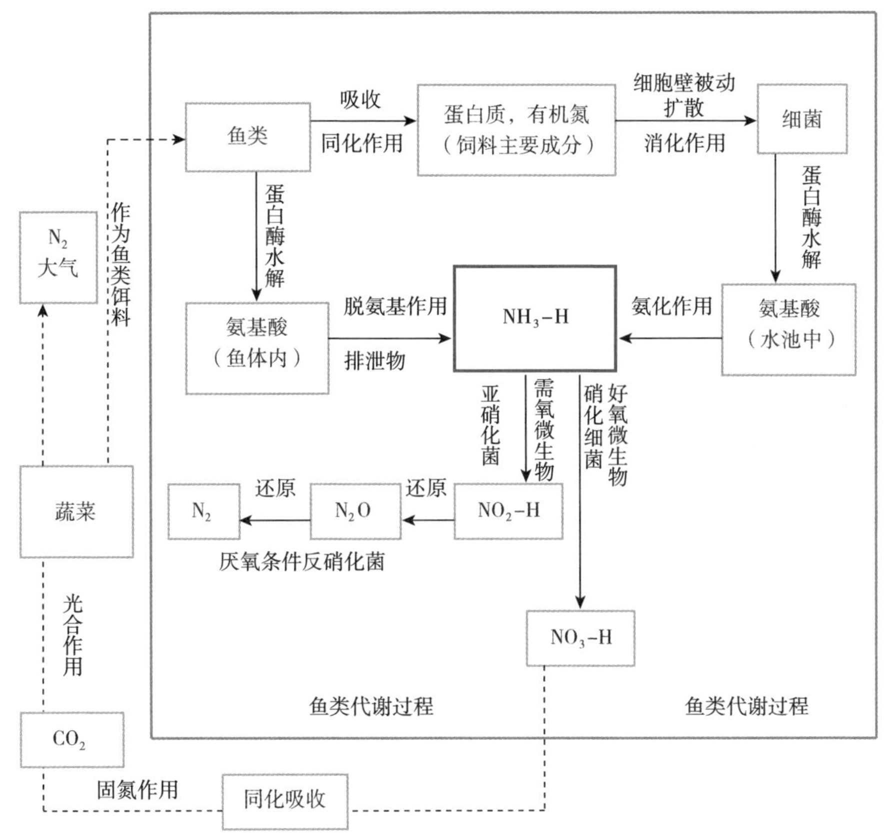

图 5-6 鱼菜共生技术线路图

四、有机废弃物资源化利用

发展多营养层级养殖，是开放水域养殖废弃物资源化利用的重要

选择。例如扇贝—海藻—海参生态养殖模式，即利用藻类吸收扇贝排泄的溶解性污染物（如氨氮等），同时海参可利用沉积的固体排泄物，将单纯的扇贝养殖转化为复合生态养殖，同时收获经济和生态效益。

堆肥是水产养殖固体废弃物资源化利用的有效手段。堆肥即利用微生物将固体废弃物分解转化成更稳定、安全的有机物形式。堆肥能减少污泥的体积，并控制病原体和气味等。利用水产养殖固体废弃物堆制的肥料，能改善土壤的肥力、耕作性能和持水能力。堆肥是适用于粮食、果蔬、园艺和花卉种植等的经济价值很高的肥料。

第三节　技术要点

一、池塘底排污技术要点

（一）系统组成

池塘底排污系统是将池塘底部的鱼体排泄物等有机颗粒废弃物和废水排出池塘，经处理后又回收的一种水质改良技术。系统主要由底泥排污口、排污管道、排污出口、竖井、排污阀门、鱼菜共生净化池等组成。

（二）池塘基本建设

底排污池塘的建设要符合养殖场的主体建筑要求。其形状、面积、深度和塘底主要取决于地形、养鱼品种等的要求，一般为长方形，东西向，长宽比为（2～4）∶1。池塘埂的坡比和护坡形式根据当地的地质地貌确定。长宽比大的池塘，水流状态较好，管理操作方便；长宽比小的池塘，池内水流状态较差，存在较大死角和死区，不利于养殖生产。池塘的朝向应结合场地的地形、水文、风向等因素，尽量使池面充分接受阳光照射，满足水中天然饵料的生长需要。池塘朝向也要考虑是否有利于风力搅动水面，增加溶解氧。在山区建造养殖场，应根据地形选择背山向阳的位置。

（三）池塘底部改造

池塘底部坡度为0.2%～7.0%，在池塘最低处建排污口（图5-7）。池塘底部改造现场图如图5-8所示。

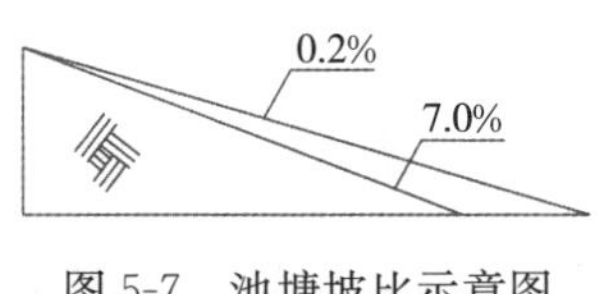

图5-7　池塘坡比示意图

图 5-8 池塘底部改造现场图

(四) 塘底排污口

池塘排污口位于池塘底部最低处，为方形，长×宽×深为 80 厘米×80 厘米×40 厘米（以上），周围固化面积大于 6 米^2，呈 15°～30°的锅底形（图 5-9）。

图 5-9 池塘底部排污口建设

(五) 排污口挡水板

挡水板（拦鱼网）：有底排污口的“十”字形排污沟，上宽约 1.6 米，下宽 1 米，坡降比为 2∶3；无底排污口的“十”字形排污沟，上宽约 1.6 米，下宽 1 米，坡降比为 1∶3（图 5-10）。

排污口挡水板：挡水板呈正方形，有 4 个支撑点，顶盖与排污口间缝隙的总面积小于等于排污管口面积（图 5-11）。

(六) 排污管

排污管材质为 PVC。分支排污管直径依据池塘大小定制，通常面积小于等于 30 亩的池塘的排污管直径为 110～160 厘米，面积大于 30

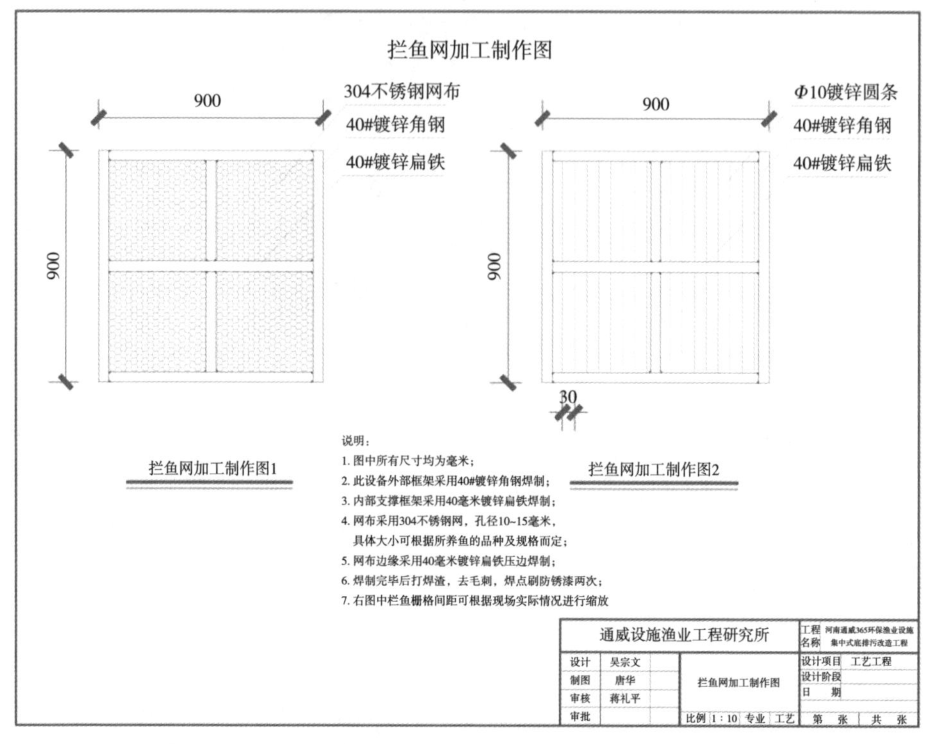

图 5-10　挡水板加工制作示意图

图 5-11　挡水板实物展示图

亩的池塘的排污管直径为 200 厘米。一般总排污管直径为 315 厘米，池塘规格较小的可缩短总排污管直径。现场安装情况如图 5-12 所示。

（七）竖井

竖井是用于安装排污出口抽插开关的立方体水泥井（图 5-13）。在与池塘区域较近处修建（如建于池埂上），池塘底排污口与竖井内出污

图 5-12　排污管现场安装图

口（竖井接口）有 1%～2%的坡度（便于池塘养殖固体颗粒废弃物和废水排出），其具体的高差可因地制宜（图 5-14）。当池塘无高位差或高位差较小，且池塘面积小于 5 亩时，最好多口池塘共用 1 个竖井；当池塘面积大于等于 5 亩时，最好 2 口池塘共用 1 个竖井。竖井内插管口修建需 1 根插管对应 1 个插管口，插管口为锅底形，高度约为 10 厘米。

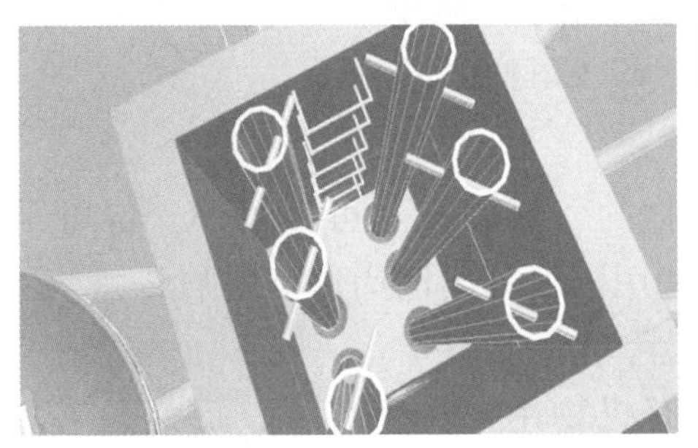

图 5-13　竖井模拟图及实物图

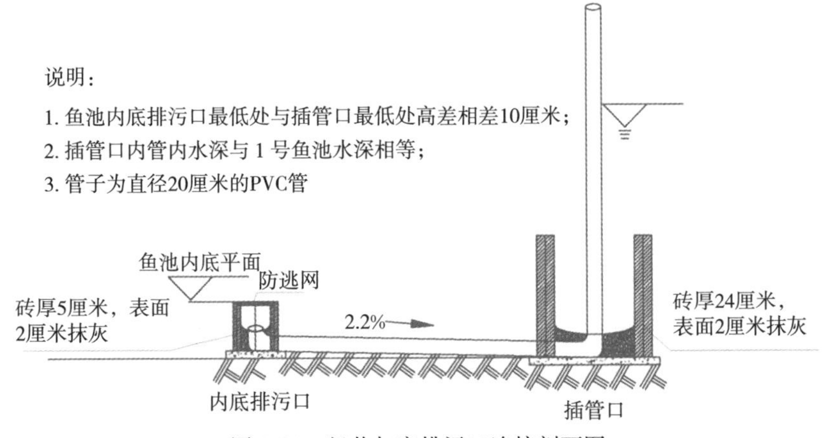

图 5-14　竖井与底排污口连接剖面图

（八）集粪沟

集粪沟宽度和深度按当地水沟内的最大洪水量设计。集粪沟底部坡度为0.2%～7.0%，水流方向统一指向集粪坑。集粪沟的路线经过底排污池、固液分离池、人工湿地、其他鱼塘排水口及自身排出口。集粪沟的护坡均采用C20水泥砂浆建造，坡比为1∶（0.8～1），如图5-15所示。

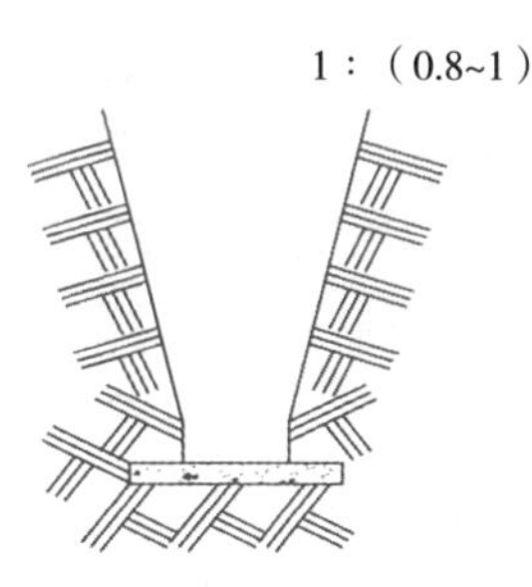

图5-15 集粪沟示意图和实物图

（九）晒粪台

晒粪台依养殖固体颗粒有机物的含量建设，可大可小。也可不必专门修建晒粪台，而因地制宜地利用固液分离池周边空地晒粪。

（十）养殖固体废弃物综合利用

固液分离池收集的养殖沉积有机物用来种植瓜果、蔬菜，上清液滴灌湿地种植的水生经济植物。多余的水进入人工湿地，养殖滤食性鱼类和种植水生蔬菜、花卉等。

（十一）复合增氧技术

底排污池塘配套使用多种增氧设施进行复合增氧（图5-16）。

技术要点：选择增氧机的品种（三种以上，如微孔增氧机、表曝机、水车式增氧机、叶轮式增氧机或涌浪机）；功率配备（每亩池塘配0.7千瓦以上）；各种增氧机在池塘中安装的最佳位置（水车式增氧机和微孔增氧机安装在投饵区外缘附近，叶轮式增氧机、涌浪机要远离投饵台）；增氧机运行的最佳时段与性价比；溶解氧控制点技术；等等。

空气中氧气量一般在210毫升/升，约占空气重量的21%。而淡水中溶解氧的饱和含量仅8～10毫升/升，不足空气氧含量的1/20，海水中溶解氧更少。特别是池塘水体常常缺氧，主要原因是物理、化学、

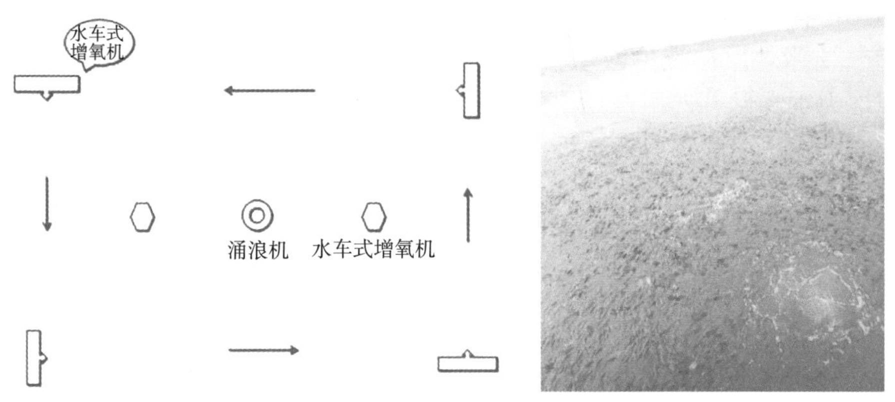

图 5-16　增氧机布局及复合增氧效果图

生物作用产生不同大小的耗氧量。其中，约 1.5%逸散于空气中，养殖鱼类耗损 5%～15%，其他生物呼吸和有机分解 80%～90%。养殖池塘通常因缺氧致死的鱼类较多，因而需要复合增氧。当池塘溶解氧低于 3 毫克/升时，鱼体免疫功能下降，厌食，易受细菌、寄生虫侵袭；池塘溶解氧分别为 1～3 毫克/升和 5 毫克/升时，前者的饲料系数比后者高 2～3 倍。因此复合增氧可有效降低养殖风险，进一步提高养殖水体自身质量，降低尾水处理难度。

二、固液分离技术要点

目前在絮凝剂处理、自然沉淀、滤袋分离、输送带分离等方法中，优选出自然沉淀法。其可将养殖沉积物分离为固形物和分离液，比例为 1∶9，固形物总氮含量 1.90%、总磷含量 1.60%，分离液总氮含量 0.10%、总磷含量 0.07%。

沉淀设备技术参数：利用悬浮物与水的密度差进行固液分离的装备，生产应用中大多采用异向流形式。工作时，进水自布水装置进入腔体，沿斜管（斜板）整个断面均匀上升，悬浮物在重力作用下沿斜管（斜板）堆积角度自然下滑，落入污泥区，定期排出，净水则经出水口流出。斜管多为聚乙烯蜂窝管，斜板则为聚乙烯平板或波纹板。斜管（斜板）倾角一般为 60°，间距不小于 50 毫米，长度 1.0 米，流速 1.2～1.8 毫米/秒。斜管（斜板）沉淀器沉淀效率高，对分散性颗粒的去除效果尤为显著，常用作循环水体净化的第一级粗滤环节。

滤机设备参数：鼓直径 1.0 米，转鼓长度 1.2 米，传动功率 0.45

千瓦，转鼓的转速 3 转/分，反冲洗离心泵功率 0.50 千瓦，工作扬程 19～21 米，反冲洗由液位控制器与时间继电器配合控制，选用的滤网规格为 120 目。选用该规格的滤网是在前期试验基础上设定的，120 目的滤网在减少能耗、节水、防堵塞等方面较优于其他规格的滤网。

固液分离池主要原理是利用相对密度不同对养殖污水中污染颗粒进行沉淀分离（平流沉淀池），主要作用是沉淀，相对密度最大的沙砾在这一阶段快速沉淀。面积为养殖面积的 0.5%～1.0%，长宽深比为 6.5∶3.3∶1（深度可视具体情况做调整），斜向出水口的坡度都为 0.2%～7.0%，沉淀池近底部开一直径 15 厘米的排泥管（排泥管下端安装闸阀，控制泥粪排放）。出水口的上清液进入竖流沉淀池（图 5-17）进一步处理，排泥管将污泥转运到集粪池。

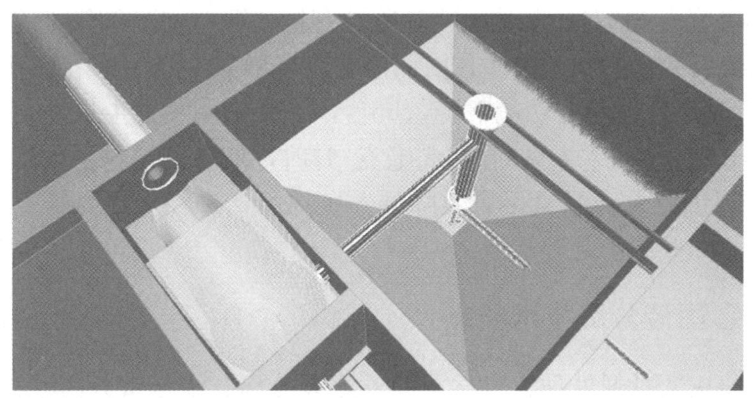

图 5-17　竖流沉淀池模拟图（俯视）

三、多级生态处理技术

主要厌氧硝化大分子有机物，同时沉淀水体中的悬浮物。主要由初沉池、毛刷截流池、二沉池组成。初沉池主要去除水体中的固体颗粒物，应用颗粒或絮体的重力沉淀作用去除水中的粪便、残饵、泥沙等密度大于水且粒径较大、容易沉积的固体颗粒物。毛刷截流池在过滤有机颗粒的同时，利用微生物的生长分解有机物，毛刷为微生物提供栖息环境，微生物大量繁殖时可在其表面形成膜状结构，增加了微生物的总量和与水体的接触面积，可以提高硝化速度。二沉池主要去除毛刷截流区脱落的生物膜及其他水体中的固体颗粒物，应用颗粒或絮体的重力沉淀作用去除密度大于水且粒径较大、容易沉积的固体颗粒物。

其中，滤袋收集养殖沉积物，采用聚乙烯网布作为滤袋材料，选择网目以能留住绝大部分养殖沉积物为原则。300 目的规格既能很好地收集养殖沉积物，又有很好的滤水性，还能控制成本。滤袋规格：直径 0.5 米，长度 4 米。养殖沉积物综合利用：固液分离池收集的养殖沉积有机物用来种植瓜果蔬菜；上清液滴灌湿地种植的水生经济植物（图 5-18），多余的水进入人工湿地，养殖滤食性鱼类和种植水生蔬菜、花卉等。

图 5-18 人工湿地种植的水生经济植物

四、有机废弃物资源化利用技术

堆肥技术：由于水产养殖固体废弃物中氮、磷等营养盐含量高，可作为能被植物有效吸收利用的有机肥料。有些国家曾通过喷灌或浓缩后施肥的形式对水产养殖固体废弃物加以利用。直接施肥简单方便，但须考虑固体废弃物中可能含有病原体、重金属、其他污染物质和气味等问题。固体废弃物经过适当的净化处理，亦可很好地用作农田、绿地或无土栽培等的肥料（图 5-19）。另外，将过滤出的残饵和鱼类粪便等固体废弃物经过发酵或水解，可用作系统中反硝化的补充碳源，以取代甲醇或乙醇等，具有净水、废弃物利用和降低生产成本的综合效果。堆肥能够以较为经济、生态的方式，将水产养殖期间产生的粪便等固体废弃物转化为稳定的腐殖质物质，将有潜在危害的有机固体废弃物转变成有高附加值的产品，如植物营养剂和土壤调节剂。

厌氧消化：一种相对较新的水产养殖污泥处理方式，主要工艺有湿式混合厌氧消化、两相厌氧消化及厌氧干发酵等。该技术适用于养殖尾水集约化处理，在传统厌氧消化条件的基础上，对反应池进行改造。一是严格控制反应温度在 20～35℃（中温状态）或 40～55℃（高温状态）。二是通过在发酵池中固定表面积较大的聚氯乙烯、尼龙等吸

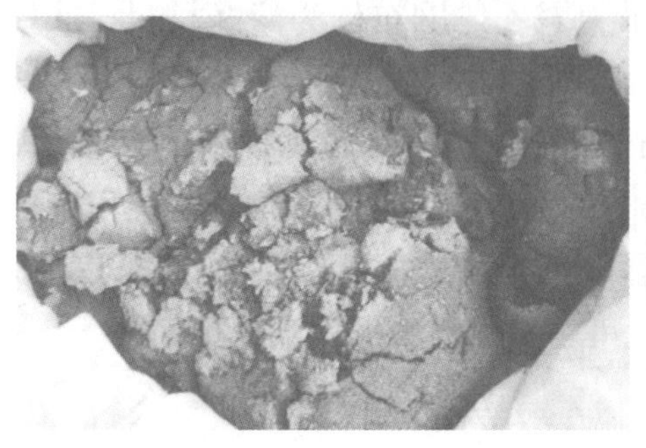

图 5-19　尾水废物收集利用图

附性材料，为发酵性细菌和产甲烷细菌提供反应条件。三是用发光体对池底进行改造，每天连续照射 60～120 分钟，以增强细菌内酶的活性。在温度为 35℃ 的条件下，反应器内消化过程稳定，化学需氧量（COD）去除率维持在 36%～55%。

第四节　处理效果

汪明雨等（2021）的研究中指出，运用“深挖塘、底排污、固液分离、湿地净化、鱼菜共生、节水循环与水泥防渗、泥水分离”的生态尾水处理模式，运用水生植物净化（如种植空心菜、伊乐藻等水生植物，建设人工湿地等）、物理净化（增加过滤网、活性炭）等方式进行养殖水质改良，底排污池塘水质富营养化指标均有所下降，其中氨氮含量下降 0.046 毫克/升，总磷含量下降 1.350 毫克/升，高锰酸盐指数下降 1.300 毫克/升，亚硝酸盐含量下降 0.032 毫克/升；草鱼平均产量提高 3 600 千克/公顷，鲢、鳙产量提高 673 千克/公顷，平均产值提高51 511元/公顷，利润提高 43 811 元/公顷。此外，底排污系统建设成本当年收回。该系统使用周期长，投资回报率高。

目前，已有较多研究充分验证了池塘底排污养殖尾水处理技术模式的可行性，其相关具体技术处理效果及实例效果如下。

一、各类技术处理效果

（一）池塘底排污技术

池塘底排污系统可以留住上层溶解氧高的水体，排出底层养殖沉积物和污水，达到自动清淤效果，为鱼类创造良好的生长环境，为农户实现持续健康养殖目标和确保水产品质量安全奠定基础。经过试验综合测算，底排污池塘对底层污水和养殖沉积物的排出率可达 80%，同时减少了 80%以上的清淤能耗和劳动力。排出的底层污水进入固液分离池，通过自然沉淀和过滤，达到泥水分离。沉淀物作为农作物的有机肥料或作为沼气池发酵原料，上清液排入人工湿地循环利用或滴灌种植水生蔬菜，重复利用率达 100%。水体净化处理后通过抽提进入养殖池循环利用，可节水 60%。

经济效益：已在重庆市 8 个区县建立 10 多个底排污示范点，示范面积 500 亩，示范推广面积 1 000 亩、辐射面积 3 000 亩，累计新增产值 8 000 多万元，新增利润 300 多万元。水产品每亩产量提高 20%以上，降低饲料系数 15%左右，节约渔药费 30%以上，平均增收 3 000 元/亩以上。安装有底排污系统的池塘产量明显高于对照塘。这是因为在养殖中后期，随着鱼类的生长和投喂量的不断加大，池底的残饵和鱼类的排泄物不断累积，以及其他水生生物代谢物不断积累，造成池底氨氮含量不断增高。氨在水体中硝化细菌的作用下，逐步转化成硝酸盐，而这一硝化过程一旦受阻，就会引起硝化作用的中间产物亚硝酸盐在水体中的累积。而当氨氮和亚硝酸盐含量超过了水体的自净能力时，就会造成水体中氨氮和亚硝酸盐浓度升高。氨氮浓度过高会增加鱼体鳃的通透性，损害鳃的离子交换功能，使鱼类长期处于应激状态，增加鱼类对疾病的易感性。亚硝酸盐浓度过高，可通过鱼类体表的渗透与吸收作用进入血液，使血液中的亚铁血红蛋白氧化成高铁血红蛋白，使血液丧失载氧能力，从而抑制鱼类的正常代谢功能。因此，水体中氨氮和亚硝酸盐浓度过高会影响鱼类的正常生长，甚至引起鱼类的死亡。而底排污系统，通过定期排放底层污水，将大量的代谢废物排出鱼池，有效地降低了水体中氨氮和亚硝酸盐积累，极大地改善了水质，降低了病害发生的风险。并且在好的水质中，鱼类对饲料的利用率更高，促进了鱼类的生长，降低了饵料系数，从而增加了养殖产量，提高了养殖经济效益。

生态效益：该技术可显著提高环保效能，可最大限度地进行污染预防、环境绩效管理、节能减排及再生资源利用等；促进经济系统与生态系统之间能量与物质的高效率良性流动；水产养殖污染物回收处理技术，可使水产污染物回收率达50%以上，经生态工艺和清洁生产技术处理，可再生利用率达100%，实现养殖废水零排放。其净化水质良性循环使用，可减少鱼病发生和有毒有害物质扩散，极大地提高了绿色水产品产量，保障了水产品质量安全。

社会效益：该技术投入少，见效快，使用周期长，能从根本上解决水产集约化养殖中池塘淤泥存积的问题，有效地利用不可再生的土地资源，达到低碳、环保、持续、健康水产养殖的目的。配套组装池塘底排污等环保工程自溢系统，定期排出底层50%以上污染物，通过自然固液分离，达到池塘自动清淤。沉淀物作为农作物有机肥，上清液通过鱼菜共生、湿地生物净化，达到渔业水质标准，循环利用率达100%，实现养殖废水零排放，有效防治面源污染。不仅在底排污池塘建立了生态、高效、持续的现代水产养殖体系，还为该技术配套研制先进的环保技术与装备，颠覆常规养殖方式，达到池塘水域利用的最大化。

（二）固液分离技术

采用转鼓微滤机对养殖水体进行原位处理的方式，将废弃有机物（如剩余饲料、粪便等固体颗粒物）及时地从水体中抽离出来。一方面减少了水体固体颗粒物的含量，另一方面降低了有机物分解时氨氮、亚硝酸盐的产生及分解有机物过程中溶解氧的消耗。

正确地使用微滤机，从而提高池体内的养殖密度，增加养殖对象的摄食量，提高企业的养殖效益。在实际养殖应用研究中发现，转鼓微滤机的使用对改善养殖水体的水质具有极显著的效果。在使用微滤机的情况下，水体中的氨氮浓度整体水平明显低于对照组。微滤机的使用对降低水体中的总颗粒物浓度具有极显著效果。在微滤机开启的时间内（第10～38天），水体中的总颗粒物浓度的平均值为2.49克/升，微滤机的使用能使水体中的总颗粒物浓度保持在稳定的较低水平。

（三）多级生态处理技术

养殖系统设置前、中、后采样点，定期开展水质抽样检测。检测指标为溶解氧、pH、氨氮、亚硝酸盐、水温等，如有尾水排放，分别按照《地表水环境质量标准》（GB 3838—2002）和《海水水质标准》（GB 3097—1997）的要求进行检测。淡水养殖处理后的尾水排放达到《淡水池塘养殖水排放要求》（SC/T 9101—2007）的一级标准，海水养殖处理后的尾水排放达到《海水养殖水排放要求》(SC/T 9103—2007)的一级标准。

(四) 有机废弃物资源化利用技术

在印度池塘养虾系统中，曾引入藻类和软体动物对虾池进行净化，不仅实现了对虾养殖水体的循环利用，减少了环境污染，还增加了经济收入（Justice，2006）。Phillips 等（1998）利用鱼类排泄物和残饵的发酵上层液作为碳源，发现反硝化柱中硝酸盐的去除率在99%以上。Lee 等（2000）将沉淀池中的有机废物作为碳源，与反硝化滤池进行了有机组合，对许氏平鲉（*Sebastes schlegeli*）海水循环水养殖系统进行反硝化试验，反硝化效果也很明显。Latt（2002）指出，泰国已有肥料公司专门利用水产养殖固体废弃物生产有机肥料（shrimp pond waste，SPW）。农场开始采用底部曝气技术来提高逐渐形成 SPW 的总悬浮固体（TSS）的质量。将一系列带有小孔的 PVC 管（直径约 2.5 厘米）以 2～4 米的间隔放置在池塘底部，并连接到安装在池塘堤坝上的主供气管（直径 6～9 厘米）。充气由旋转式鼓风机提供，该鼓风机由电动机或柴油机提供动力。由于从一开始就提供底部通气，大部分废物都经过有氧消化，收获后只有一小部分废物沉积在底部。泰国的一些公司正在通过 SPW 生产用于农业的肥料，并且已经在市场上出售。但是，由于该产品的价格与无机肥料的价格相同，而 SPW 肥料的性能却未知且可能会变化，因此尚未被广泛使用。

二、底排污技术处理效果实例研究

通过研究底排污池塘与传统排污池塘养殖南方鲇过程中水质等处理效果差异，通威股份有限公司设施渔业研究所于 2013 年 4 月到 9 月开展了效果对比试验。其具体开展情况如下。

试验选择在成都双流永兴渔业合作社 4 口池塘中进行，均为水泥池壁，长方形。其中，1 号塘面积 2.5 亩，水深约 1 米，为池塘养殖底排污工程系统试验池；2 号塘面积 0.9 亩，水深约 1.5 米，设为对照池；3 号塘面积 0.9 亩，水深约 1 米，为鱼菜共生池（湿地）；4 号塘面积 2.6 亩，水深约 0.9 米，设为对照池。各池基本情况见表 5-1。

表 5-1　增氧、投饵设备功率对比情况表

塘号	用途	叶轮式增氧机	涌浪机	投饵机	总功率	备注
1	底排污	0.6 千瓦/亩	0.3 千瓦/亩	36 瓦/亩	0.936 千瓦/亩	
2	对照	1.67 千瓦/亩	0.83 千瓦/亩	100 瓦/亩	2 千瓦/亩	
3	湿地	1.11 千瓦/亩	—	100 瓦/亩	1.21 千瓦/亩	涌浪机更换为喷水式增氧机
4	对照	0.57 千瓦/亩	0.29 千瓦/亩	34.6 瓦/亩	0.9 千瓦/亩	

注：应急柴油增氧机（1～4 号池）各 5.52 千瓦。

（一）底排污池塘水质检测分析

池塘水质具有代表性的点位一般情况下是投饵区域和池塘有机污物集聚区域，安装有底排污工程系统的池塘水质具有代表性的点位是投饵区域和池塘底排污口区域。检测点应在投饵区域上层、底层两处取水点，底排污口取水位置为底排污口上方约 30 厘米处。取样检测时间分别为 9：00 和 17：00，监测时间设为 2013 年 10 月 11 日至 2013 年 10 月 20 日，共计 10 天。

图 5-20 是底排污池塘水温与鱼类摄食量变化曲线图，显示水温在 11 日到 12 日变化最大，达到 5.5℃，而当日早上鱼类摄食量也出现下降；在水温变化出现较大差值后，虽养殖水体降温幅度较小，但鱼类摄食量显著降低，摄食量在 0～5 千克。

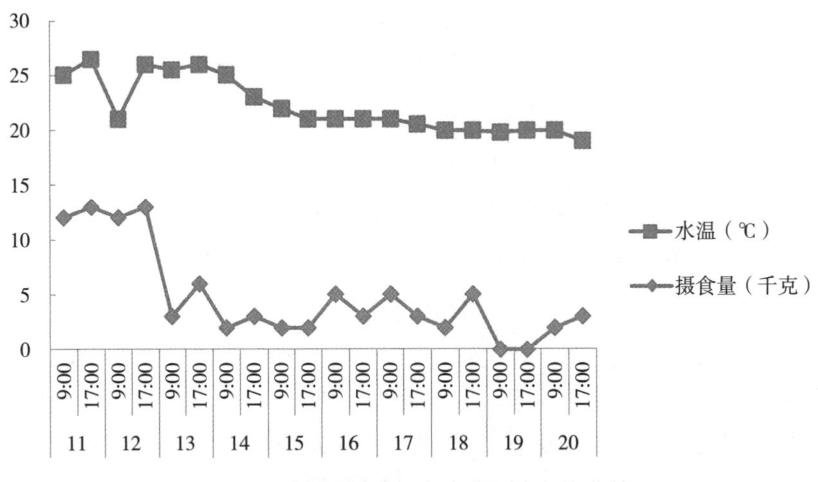

图 5-20　底排污池塘水温与鱼类摄食量变化情况

由图 5-21 可知，监测期间水温总体呈现较为平稳的降低趋势，而水体中的 pH 相对更为稳定。这表明，底排污池塘水温的突然降低或缓慢降低不会对水体的 pH 造成较大影响。

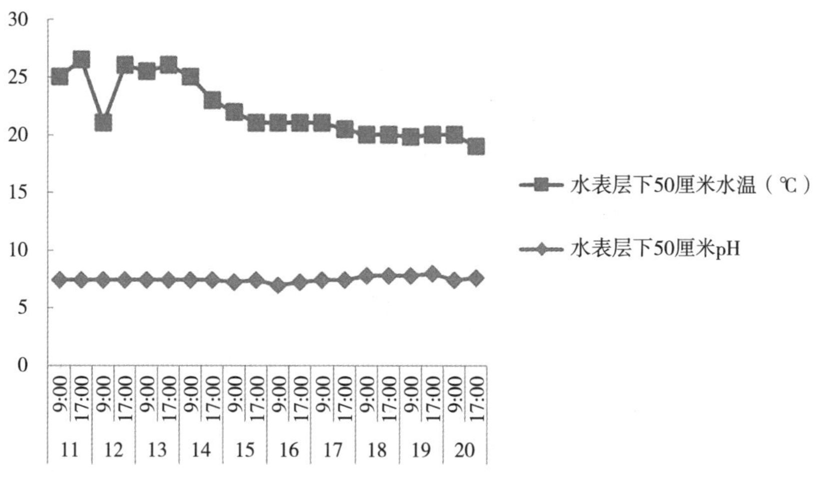

图 5-21　投饵区水下 50 厘米水温和 pH 变化情况

图 5-22 是在连续 10 天不排污情况下，排污口亚硝酸盐变化情况曲线图。在不排污 2 天后，亚硝酸盐开始上升，稳定 4 天后，又开始上升，至 0.010 毫克/升，之后基本趋于稳定。

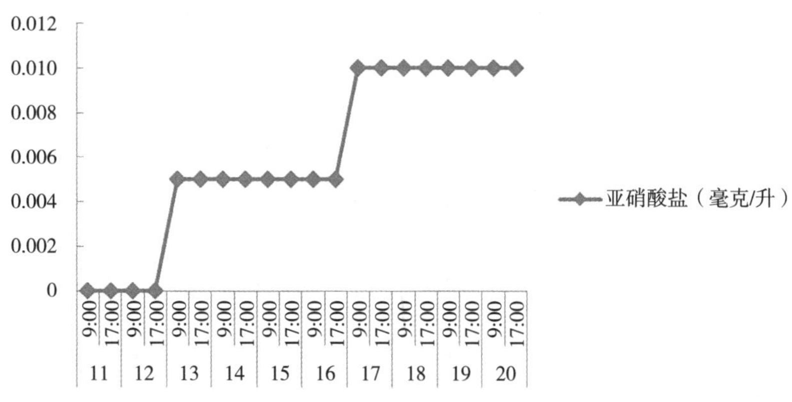

图 5-22　排污口亚硝酸盐变化情况

图 5-23 是在连续 10 天不排污情况下，排污口氨氮变化情况曲线图。数据表明，在不排污 5 天后，氨氮开始逐步上升，稳定 2 天后，又开始上升，至 0.4 毫克/升，之后基本趋于稳定。

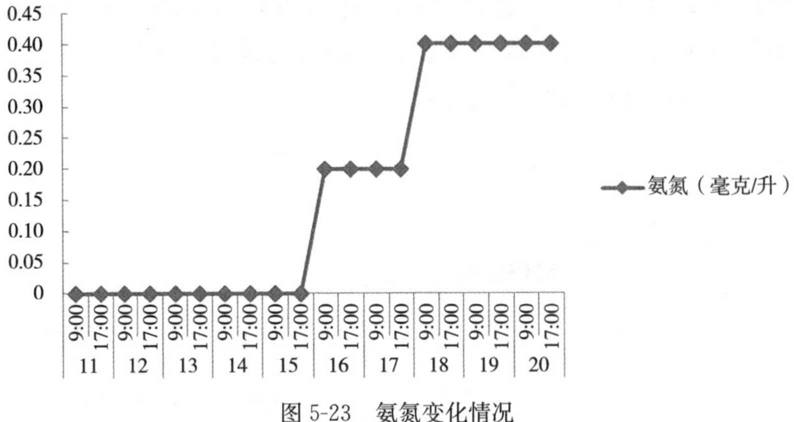

图 5-23 氨氮变化情况

（二）底排污池塘、湿地各种水质指标对比

图 5-24 表明，在底排污池塘连续 10 天未排污情况下，投饵区域底层和排污口亚硝酸盐变化最大，基本相当。而湿地亚硝酸盐虽有变化，其值始终处于较低水平，在 0～0.005 毫克/升。

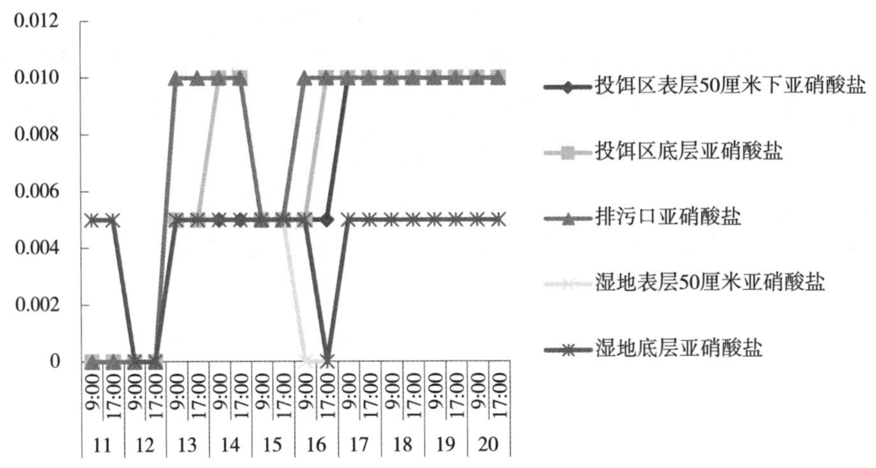

图 5-24 亚硝酸盐变化情况对比

图 5-25 是氨氮变化情况对比曲线图，底排污池塘中氨氮数值基本一致。经过增氧机的搅动后，其不会因为水层的变化而出现较大差值。整体指标呈现阶梯式升高，在连续 10 天未排污的情况下，最高值达 0.40 毫克/升。湿地氨氮曲线显示其均在安全值范围内，虽经短暂升高，但后又快速降低，维持较低水平。

图 5-26 是底排污池塘和湿地 pH 变化情况曲线图。底排污池塘表

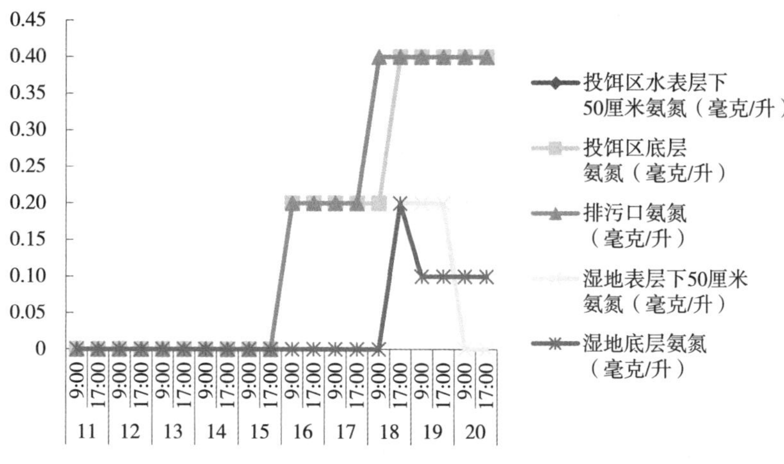

图 5-25 氨氮变化情况对比

层水 pH 日差值均为 0.2。底排污池塘底层 pH 日差值最大达到 1.0，最小为 0.2。湿地表层水 pH 日差值最大达到 1.2，最小为 0。湿地底层 pH 日差值最大达到 1.8，最小为 0。

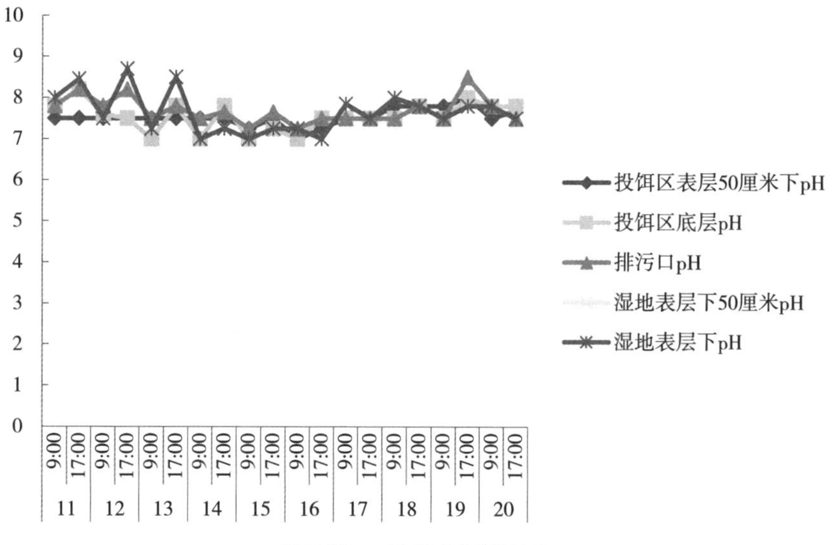

图 5-26 pH 变化情况对比

图 5-27 是底排污池塘和湿地水温变化情况曲线。水温经 11 日上午出现较大波动后逐渐平稳降低。这表明水温的降低是缓慢的，不会出现连续的水温较大程度的降低。

图 5-28 溶解氧曲线图显示排污口溶解氧最低，在 0.20 毫克/升以

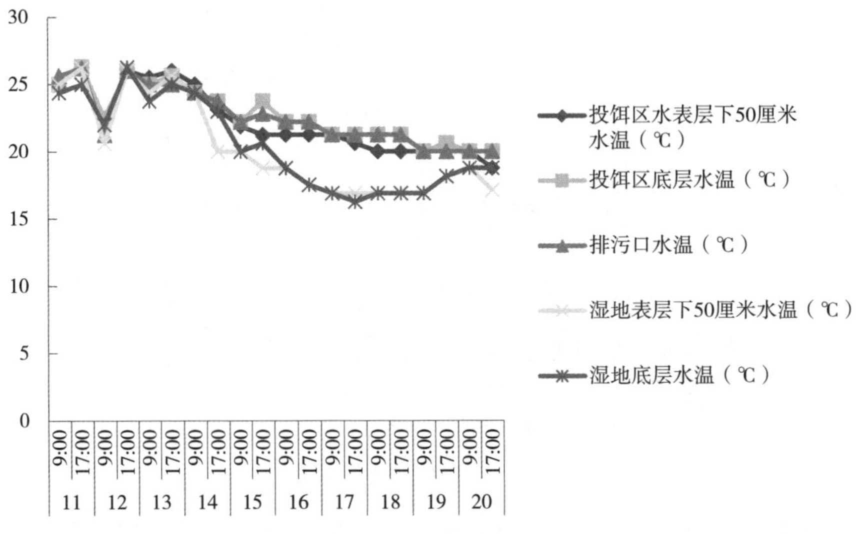

图 5-27　水温变化情况对比

下；其次是投饵区域底层溶解氧低，在 0.8～2.2 毫克/升。底排污池塘溶解氧最大差值为 4.60 毫克/升。湿地表层溶解氧最高，湿地因水深较浅，其表层和底层溶解氧差值不大。

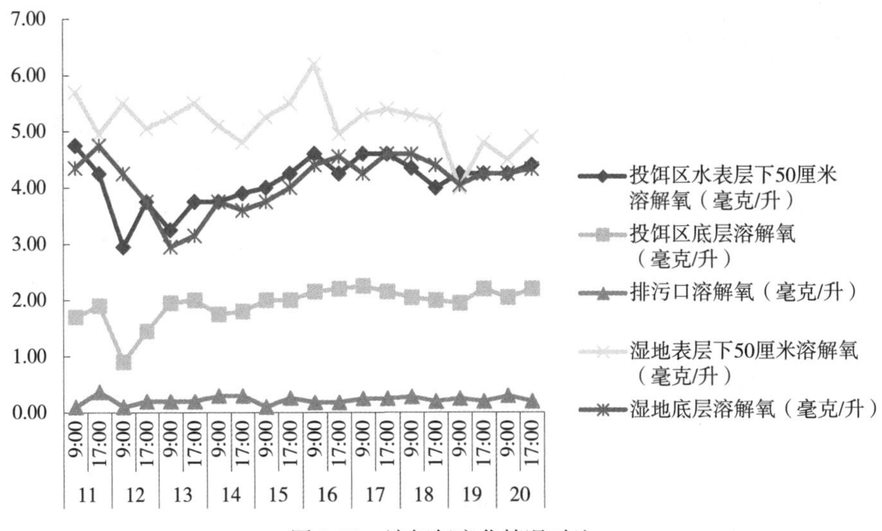

图 5-28　溶解氧变化情况对比

在底排污池塘连续 10 天不排污的情况下，水质指标中氨氮、亚硝酸盐数值会在第二天开始上升，但在连续日摄食量低于 5 千克时，上升值范围不大，在 0.01 毫克/升以下。无论是底排污池塘还是湿地，水温的变化随着气温的逐渐降低而缓慢降低。溶解氧的变化和投饵量的多少关系密切，因此复合增氧技术的应用显得十分必要。

（三）浮游生物和水化指标检测结果

池塘水质和浮游生物的群落结构与养殖鱼类的生长有着密切的关系。在渔业水体生态系统中，浮游藻类不仅可作为适口的优质饵料，而且对改良水质、抑制有害菌群、减少病害也起到至关重要的作用。针对池塘底排污对比试验塘，进行“四个池塘浮游生物和水化指标检测”研究，于2013年7月19日、2013年8月20日、2013年9月22日三次采集水样，对试验池塘水样样品进行了浮游生物定性、定量检测和水化指标（溶解氧、pH、水温、亚硝酸盐、氨氮、硫化氢）检测，并分析，以评价底排污池塘的排污效果和水体的富营养化程度。

1. 水化指标检测结果

此次采样调查，对采样时间、采样天气、池塘水色和水质指标进行了记录。从表5-2中可看出，1号池塘水质溶解氧较高，亚硝酸盐和氨氮含量一直较低。池塘水质中性，在三次采样中，pH均大于等于7.0，硫化氢未检出。从水色上分析可见，1号池塘水色在8、9月均为墨绿色，优良藻类如绿藻生长良好（7月19日采样时，池塘刚开了增氧机，搅浑池水，水质变浑浊）；2号、3号、4号池塘均有褐色或者黄褐色水色，可见池水中蓝藻、硅藻等恶性藻类较多，水质条件比较差。

表5-2 池塘水质指标检测表

时间	天气	编号	水温（℃）	pH	水色	溶解氧（毫克/升）	氨氮（毫克/升）	亚硝酸盐（毫克/升）	硫化氢（毫克/升）
7月19日 10：30—12：30	阴转小雨	1	26.1	7.0	浑浊	3.49	0.10	0.15	<0.01
		2	25.8	7.0	浑浊	2.21	0.30	0.25	<0.01
		3	25.8	7.0	澄清水	3.26	0.20	0.10	<0.01
		4	25.7	7.4	黄绿色	4.13	0.50	0.03	<0.01
8月20日 10：30—12：30	晴	1	30.1	7.8	墨绿色	4.60	0.17	0.10	<0.01
		2	29.9	8.4	绿色	2.90	0.26	0.29	<0.01
		3	29.9	7.7	黄褐色	4.00	0.18	0.09	<0.01
		4	29.7	8.5	黄褐色	3.90	0.36	0.17	<0.01

（续）

时间	天气	编号	水温（℃）	pH	水色	溶解氧（毫克/升）	氨氮（毫克/升）	亚硝酸盐（毫克/升）	硫化氢（毫克/升）
9月22日 10：50—12：05	阴	1	23.5	7.2	墨绿色	6.82	0.20	0.13	<0.01
		2	23.2	7.5	褐色	6.05	0.30	0.25	<0.01
		3	23.0	7.2	墨绿色	6.21	0.25	0.28	<0.01
		4	23.5	7.4	墨绿色	6.52	0.30	0.36	<0.01

图 5-29 中 4 口池塘的溶解氧以 4 号对照池最高，1 号底排污试验池为 3.5 毫克/升，2 号对照池最低；氨氮以 4 号对照池最高，1 号底排污试验池最低，2 号对照池是 1 号底排污试验池的 3 倍；亚硝酸盐以 2 号对照池最高，是 1 号底排污试验池的 1.67 倍。

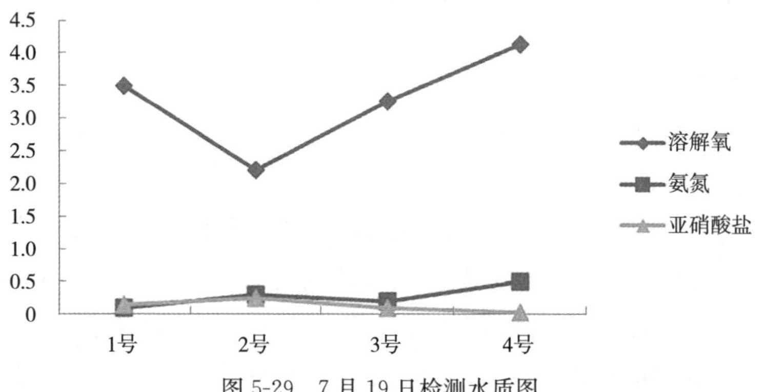

图 5-29　7 月 19 日检测水质图

图 5-30 中 4 口池塘的溶解氧以 1 号底排污试验池最高，2 号对照池最低；氨氮以 4 号对照池最高，1 号底排污试验池最低，2 号对照池是

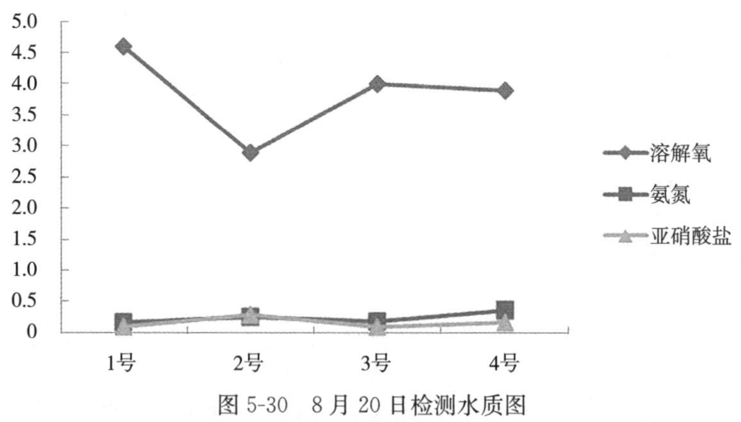

图 5-30　8 月 20 日检测水质图

1 号底排污试验池的 1.53 倍；亚硝酸盐以 2 号对照池最高，是 1 号底排污试验池的 2.9 倍。

图 5-31 中 4 口池塘的溶解氧以 1 号底排污试验池最高，2 号对照池最低；氨氮以 4 号对照池最高，1 号底排污试验池最低，2 号对照池是 1 号底排污试验池的 1.5 倍；亚硝酸盐以 2 号对照池最高，是 1 号底排污试验池的 1.92 倍。

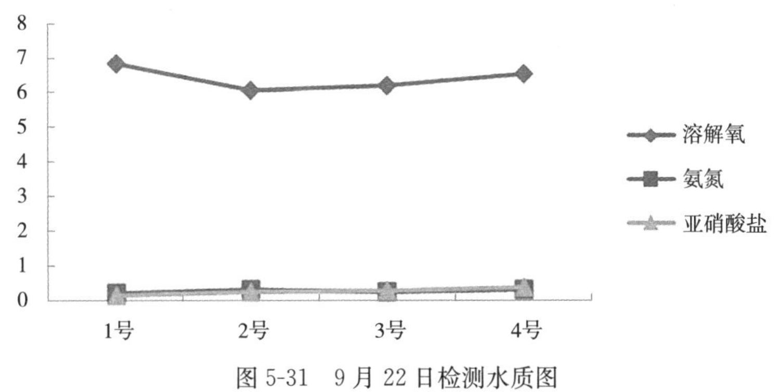

图 5-31 9 月 22 日检测水质图

2. 浮游植物定性和定量结果

浮游植物定性和定量研究显示，4 号池塘藻类数量最多，1 号、3 号池塘浮游植物优良藻类绿藻门（优势藻为小球藻）细胞密度百分比高；2 号、4 号池塘恶性藻类细胞密度百分比高（优势藻为蓝藻门微囊藻、色球藻等），水体富营养化程度比较严重。

浮游动物定性和定量研究显示，1 号池塘有益轮虫和桡足类浮游动物占绝对优势，利于鱼类生长；3 号池塘浮游动物多样性指数和均匀度指数较其他池塘高，说明 3 号池塘浮游动物群落更为稳定，这与 3 号池塘栽种大量水生植物有关。

第五节 应用范围

目前，池塘底排污养殖尾水处理技术模式已在我国大多数省份得到广泛运用，在池塘养殖尾水处理中起到至关重要的积极作用。除大宗淡水鱼类养殖品种外，在特种经济鱼类养殖池中也有应用，尾水处理效果也较佳。如汪明雨等（2021）验证了池塘底排污养殖尾水处理技术模式在浙江地区草鱼精养池塘中运用的可行性，不但水处理效果较好，而且养殖产量得到提升。郭江涛等（2021）在河南郑州地区通过连续3年试验、推广，探讨了池塘底排污在锦鲤养殖中的运用效果，其在养殖增产、水质稳定、降低发病率和养殖风险、生态修复及植物净水、美化养殖环境方面都做出了积极贡献。不同的地理位置、地区修建底排污池塘具有不同的工艺参数，现将不同地区的池塘底排污养殖尾水处理技术模式的不同建设方法介绍如下。

一、不同类型淡水池塘建设

不同的地区，需因地制宜，根据生产需要建设底排污池塘。一般底排污池塘为长方形，东西走向，长宽比为（2～4）：1，池塘埂的坡比和护坡形式根据当地的地质地貌确定。表5-3为不同类型淡水池塘规格参考值。

表5-3　不同类型淡水池塘规格参考值

池塘类型	面积（亩）	池深（米）	长宽比	备注
鱼苗塘	1.5～2.0	1.5～2.0	2：1	兼作鱼种塘
鱼种塘	2～5	2.0～2.5	（2～3）：1	
成鱼塘	5～15	2.5～3.5	（2～4）：1	可宽埂
亲鱼塘	3～4	2.5～3.5	（2～3）：1	应靠近产卵池
越冬塘	5～10	3.0～4.0	（2～4）：1	近水源

二、丘陵地区、平原地区底排污建设

依据池塘大小、地形等条件的差异，因地制宜地进行底排污系统规划建设。丘陵地区山地较多，可充分利用山地优势，底排污系统高位差规划较易，进排水与排污不需要任何机械能。平原地区，地势平坦，易进行成片规模化推广与建设，但是进排水、排污系统的高位差建设难度较大，成本较高。丘陵地区、平原地区底排污设计如表5-4、表5-5所示，现场图如图5-32所示。

表5-4　丘陵地区底排污设计

池塘大小（亩）	塘底集污口数（个）	池底形状	排污口修建位置
<5	1	锅底形	锅底形中心最低处

（续）

池塘大小（亩）	塘底集污口数（个）	池底形状	排污口修建位置
5～15	1～3	锅底形	锅底中心最低处 1 个；沿池塘长边，以最低处排污口为中心，左右约 20 米处修 2 个
＞15	＞3	多个锅底形	锅底形中心最低处

表 5-5　平原地区底排污设计

池塘大小（亩）	塘底集污口数（个）	池底形状	排污口修建位置
5～10	1～3	锅底形	锅底中心最低处 1 个；沿池塘长边，以最低处排污口为中心，左右约 20 米处修 2 个
11～30	5～6	锅底形，“十”字形排污沟	锅底中心最低处 1 个；沿池塘“十”字形排污沟，以最低处排污口为中心，约 20 米处修 4 个
＞30	集污船	多条平行的排污沟	排污沟与池塘长边平行

图 5-32　丘陵、平原地区底排污建设现场图

三、不同地区增氧设备配备

根据不同地区及养殖池塘规模大小，拟定了山地和平原两种地区养殖池塘增氧设备的数量和安装方式，具体如表 5-6、表 5-7 所示。

表 5-6　山地增氧设备组合与池塘规格的关系

池塘规格（亩）	增氧设备	安装位置
＜5	高效水车式增氧机 2 台	池塘对角

（续）

池塘规格（亩）	增氧设备	安装位置
5～15	高效水车式增氧机 2～4 台 涌浪机 1～2 台	高效水车式增氧机在池塘对角，涌浪机在池塘长边两头
>15	高效水车式增氧机 4 台 涌浪机 3 台	高效水车式增氧机在池塘对角，涌浪机在池塘长边两头

表 5-7　平原增氧设备组合与池塘规格的关系

池塘规格（亩）	增氧设备	安装位置
5～10	高效水车式增氧机 2～4 台 涌浪机 1 台	高效水车式增氧机在池塘对角，涌浪机在池塘长边两头
11～30	高效水车式增氧机 5～8 台 涌浪机 2 台	高效水车式增氧机在池塘对角，涌浪机在池塘长边两头
>30	高效水车式增氧机>8 台 涌浪机≥3 台	高效水车式增氧机在池塘对角，涌浪机在池塘长边两头

四、不同地区排污口数量

塘底排污口数量与池塘大小有着密切关系，会因地理条件的变化而产生变化。总结出山地和平原地区的池塘大小与排污口数量对应关系，具体如表 5-8、表 5-9 所示。

表 5-8　山地塘底排污口数量与池塘大小的关系

池塘大小规格（亩）	塘底排污口数（个）	池底形状	排污口修建位置
<2	1～3	锅底形	锅底形中心最低处
2～5	3	锅底形	锅底形中心最低处
6～15	3～5	锅底形	锅底形中心最低处 1 个；沿池塘长边，以最低处排污口为中心，左右 20 米处修 2 个
>15	>5	多个锅底形	锅底形中心最低处

表 5-9　平原塘底排污口数量与池塘大小的关系

池塘大小规格（亩）	塘底排污口数（个）	池底形状	排污口修建位置
5～10	3	锅底形	锅底中心最低处 1 个；沿池塘长边，以最低处排污口为中心，左右约 20 米处修 2 个

（续）

池塘大小规格（亩）	塘底排污口数（个）	池底形状	排污口修建位置
11～30	4～5	锅底形，“十”字形排污沟	锅底中心最低处1个；沿池塘“十”字形排污沟，以最低处排污口为中心，约20米处修4个
>30	6～10	多条平行的排污口	排污口与池塘长边平行

注：有底排污口的“十”字形排污沟，上宽约1.6米，下宽1.0米，坡降比为2∶3；无底排污口的“十”字形排污沟，上宽约1.6米，下宽1.0米，坡降比为1∶3。

第六节 典型案例

一、主养鲇池塘底排污尾水处理养殖案例

为研究底排污与传统排污池塘养殖南方鲇的生长和经济效益差异，通威股份公司于2013年4月到9月在成都双流永兴渔业合作社3口池塘进行了对比试验。试验点池塘位于同一区域，紧邻相连。试验池和对照池均按照单位面积以基本相同的密度、规格进行鱼种放养。常规养殖管理，执行“四定”原则，投喂同一品牌、同一型号、同一营养标准的饲料。

（一）产量

2013年4月21日入池，9月25日养殖结束，养殖157天。各池产量、养殖结果见表5-10、表5-11。结果显示，1号底排污试验池水深浅于2号对照池的情况下，单位容积载鱼量（密度）几乎一样。3号对照池单位容积载鱼量（密度）最低，小于2千克/米^3。产量最高的是1号底排污试验池，最低的是2号对照池。但从放养量、饲料投喂量和池塘面积角度分析，综合效益以1号底排污试验池最佳，2号对照池次之，最差为3号对照池。

表5-10 池塘产量表

池号	南方鲇（千克）	草鱼（千克）	鲢、鳙（千克）	载鱼量（千克）	面积（亩）	平均水深（米）	体积（米^3）	密度（千克/米^3）
1号	3 222.9	21.75	235.96	3 480.6	2.5	1.0	1 667.50	2.08
2号	1 743.0	23.00	129.70	1 895.7	0.9	1.5	900.45	2.10
3号	2 301.7	57.22	204.6	2 563.5	2.6	0.9	1 560.78	1.60

注：1号为底排污试验池，2号、3号为对照池。

表 5-11 池塘养殖结果表

池号	鱼种放养情况			出塘情况		日常死亡情况		成活率（%）	增重量（千克）
	重量（千克）	规格（克/尾）	尾数	出塘尾数	出塘总重（千克）	尾数	重量（千克）		
1	74.01	19.62	3 772	2 511	3 222.85	61	49.860	66	3 198.70
2	12.24	15.54	787	1 187	1 743.00	22	24.966	72	1 755.72
3	200.70	50.30	3 990	2 563	2 301.68	763	549.680	64	2 650.66

注：成活率＝结束尾数/初始尾数×100%，增重量＝结束重量＋日常死亡重量－初始重量。

结论：与非底排污 3 号相比，有底排污的 1 号池塘饲料系数更低，效益更好（表 5-12）。2 号池塘的面积、水深及增氧能力配备最合理，其可作为亩产 1.5～1.8 吨鱼的标准模式。

表 5-12 底排污养殖条件与鲇饲料系数及个体大小的关系

	项目	1 号	2 号	3 号
池塘条件	面积（亩）	2.5	0.9	2.6
	水深（米）	1.20	1.66	0.90
	体积（$米^3$）	1 998	995	1 558
	底排污设备	配备	无	无
	配水车式增氧机 1 台（千瓦）	1.5	1.5	1.5
	涌浪机 1 台（千瓦）	0.75	0.75	0.75
	增氧能力（瓦/$米^3$）	1.126	2.261	1.444
	投饵机 1 台（千瓦）	0.09	0.09	0.09
放养	时间	4 月 20 日	4 月 20 日	5 月 20 日
	鲇重量（千克）	74.101	29.120	200.700
	鲇尾数	3 776	1 647	3 990
	规格（克/尾）	20	18	50
结束	时间	9 月 30 日至 10 月 1 日	9 月 24—26 日	10 月 3 日
	鲇重量（千克）	3 222.90	1 743.00	2 301.68
	鲇尾数	2 511	1 187	2 563
	规格（克/尾）	1 284	1 468	898
	草鱼重量（千克）	21.75	23.00	57.22
	鲢、鳙重量（千克）	235.96	129.70	204.60
	总吃食鱼重（千克）	3 244.65	1 766.00	2 358.90
	池塘总鱼重（千克）	3 480.61	1 895.70	2 563.50

（续）

项目		1号	2号	3号
养殖期间鲇死亡	尾数	61	22	261
	总重量（千克）	49.860	24.966	172.200
投饲量（141 饲料）（千克）		2 950	1 701	3 437
饲料系数	鲇（不含死鱼）	0.937	0.992	1.636
	鲇（含死鱼）	0.922	0.978	1.512
	吃食鱼增重	0.916	0.965	1.475
	池塘总鱼增重	0.853	0.899	1.356
鲇成活率（%）		66.5	72.1	64.2
净产量（千克/米^3）	鲇（不含死鱼）	1.576	1.722	1.348
	鲇（含死鱼）	1.601	1.748	1.459
	吃食鱼	1.612	1.771	1.495
	池塘总鱼	1.730	1.901	1.627

（二）经济效益

表 5-13 是对比试验各池投入、产出情况，显示产量最高的是 1 号底排污试验池，最低的是 2 号对照池。但从放养量、饲料投喂量和池塘面积角度分析，综合效益以 1 号底排污试验池最佳，2 号对照池次之，最差为 3 号对照池。1 号底排污试验池的饲料系数是 0.92，2 号、3 号对照池的饲料系数分别为 0.98、1.51，均高于试验池塘。

1 号池总成本 35 256.20 元，纯收入（利润）13 086.55 元（折合获利 5 234.6 元/亩），投入产出比 1∶1.37。2 号池总成本 20 506.5 元，纯收入5 638.5元（折合获利 6 265 元/亩），投入产出比 1∶1.27。3 号池总成本 33 281.5 元，纯收入 1 243.7 元（折合获利 478.3 元/亩），投入产出比 1∶1.03。

表 5-13 经济效益分析表

指标	1 号底排污试验池	2 号对照池	3 号对照池
养殖鱼种	南方鲇	南方鲇	南方鲇
放养规格（克/尾）	19.62	17.58	50.30
放养量（尾）	3 776	1 647	3 990

（续）

指标	1号底排污试验池	2号对照池	3号对照池
养殖周期（天）	156	156	127
产量（千克）	3 222.85	1 743.00	2 301.68
饲料投喂量（千克）	2 950	1 701	2 937
饵料系数	0.92	0.98	1.51
销售价格（元/千克）	15	15	15
销售收入（元）	48 342.75	26 145.00	34 525.20
成本（元）	35 256.20	20 506.50	33 281.50
盈利（元）	13 086.55	5 638.50	1 243.70

从图5-33中可见，1号底排污试验池经济效益最高，3号对照池经济效益最低。1号底排污试验塘的利润是2号对照池的2.32倍，是3号对照池的10.52倍。

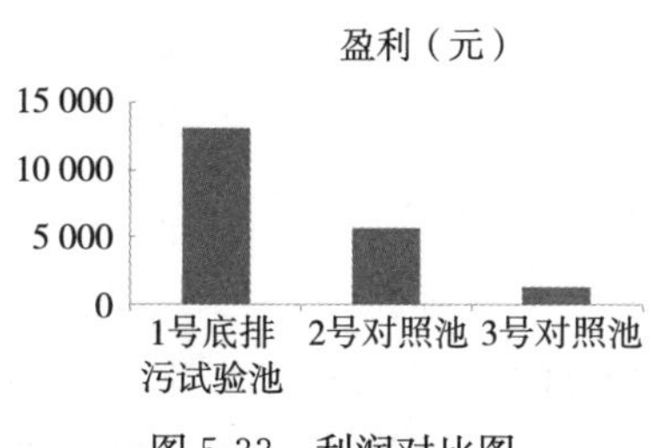

图5-33　利润对比图

安装池塘养殖底排污工程系统，一方面，将残存在池塘和网箱内的鱼体排泄物及饲料残饵进行有效收取，较好地解决了传统养殖技术中鱼体排泄物对水体污染的问题，保护了水体，维护了生态；另一方面，收取鱼体排泄物及饲料残饵，减少了有机质分解耗氧，避免了水体的富营养化，为鱼类的生存、生长创造了有利的生态环境，为持续产出优质、健康的水产品提供了技术支撑。与传统池塘养殖相比，饲料系数降低6.12%～39.07%，每千克鱼的饲料成本降低6.97%～24.3%。

（三）注意事项

一是底排污系统应避免带水安装，防止高程落差达不到要求而影响系统的排污效果。

二是需根据安装池塘的形状、大小、地理条件，科学设计底排污系统。

三是要有科学的安装流程：在池塘售鱼清塘后，须干塘再在池底先找坡度，再在最低处修建、安装底排污口，埋设排污管等。

四是底排污口必须在池底最低处，才更利于集污。

二、长吻鮠底排污尾水处理养殖案例

四川省长吻鮠原种场稻鱼综合种养苗种繁育基地是华西地区的主要供苗场，承担着常规和特种养殖苗种选育、孵化、标粗的重任。该公司为保持苗种质量，首先要保证尾水处理达标，因此在2021年决定将该园区打造成生态养殖小区，建立完善的尾水处理系统，以“物理+生物”处理的高性价比方式将养殖尾水处理至符合《淡水养殖尾水排放要求（征求意见稿）》二级标准和《地表水环境质量标准》（GB 3838—2002）Ⅴ类水标准后进行回用或部分外排。

（一）设计工艺

根据该园区提供的基础数据、水质数据及卫星定位地图，规划选择周边的2个池塘建设尾水处理系统，主要处理日常底排污排出的高浓度尾水及捕捞后的养殖尾水。日常底排污排出的高浓度尾水直接通过排水沟渠进入尾水处理系统，而捕捞后的养殖尾水由于单次水量巨大，可先原位处理再排入尾水处理系统。该园区尾水处理池现状如图5-34所示。处理工艺流程图如图5-35所示。

图5-34 四川省长吻鮠原种场尾水处理池

（二）案例工艺详解

1. 原位处理

当养殖鱼种捕捞完后，将养殖水体保留在池塘内，开启曝气，时

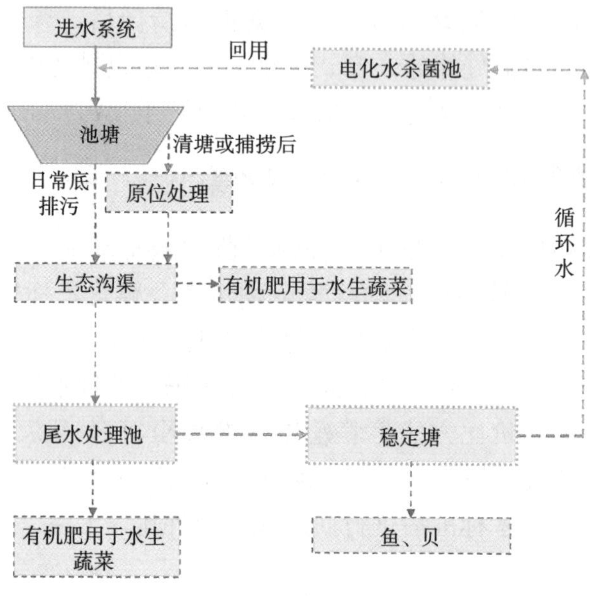

图 5-35　四川省长吻鮠原种场尾水处理工艺流程图

间不低于 10 天。此举是为了利用池塘的自净作用进行原位处理，一则可沉降水中悬浮物，二则模拟污泥处理法，利用塘底的污泥和水体中自然繁衍的硝化菌，在好氧的条件下进行有机污染物的降解。本环节可有效降低尾水中的悬浮物（SS）、化学需氧量（COD）。

2. 生态沟渠

日常通过底排污排出的高浓度尾水和原位处理后的养殖尾水首先进入生态沟渠。生态沟渠由现有排水沟改建而来，内部种植有水生植物，放养螺蛳、三角帆蚌等水生动物，实现初步沉淀净化。本环节可有效降低尾水中的悬浮物（SS）、化学需氧量（COD）、总氮（TN）、总磷（TP）。

3. 尾水处理池

经生态沟渠净化后的尾水进入尾水处理池。内部设有沉淀池、微生物净化池、植物生态浮岛和自净区。其中，沉淀池面积约占 1/5，以自然沉淀作用收集悬浮物、固体颗粒物，定期清除作为肥料；微生物净化池面积约占 1/5，分三级 S 形水路，由混凝土硬化底和砖砌墙构成，内置钢丝网和组合填料，以好氧微生物净化水质；植物生态浮岛面积约占 1/5，利用生态浮岛上种植的水生植物净化水质；剩余 2/5 区域作为自净区，利用自然复氧和太阳光照实现自然净化。本环节可有效降低尾水中的悬浮物（SS）、化学需氧量（COD）、总氮（TN）、总磷（TP）。

4. 稳定塘

尾水处理池出水进入稳定塘，进行深度处理。稳定塘内养殖鲢、贝类等，种植空心菜等根系发达的水生植物，集中吸收和降解尾水中的营养成分。充分利用它们的协同作用，养殖动物排出的氨氮可为植物提供所需的营养盐，植物释放的氧气可供动物呼吸。该环节可产出鱼、贝、经济作物，具有经济效益，可实现废弃物再利用。本环节可有效降低尾水中的悬浮物（SS）、化学需氧量（COD）、总氮（TN）、总磷（TP）。

在生态沟渠、尾水处理池处理后，尾水的 SS 降到了 35 毫克/升，COD 降到了 24 毫克/升，TN 降到了 4.6 毫克/升，均符合《淡水养殖尾水排放要求（征求意见稿）》二级标准。因此，设置稳定塘主要用于蓄水和保持水质稳定，面积 20.9 亩，水深 2 米。每亩放养 100 只三角帆蚌、20 尾鲢、10 尾鳙；每平方米种植挺水植物 1～2 株，沉水植物 40～60 株。

5. 电化水杀菌池

利用通威专用的电化水生态杀菌技术，强力杀灭水体中细菌、病毒和藻类，为回用创造条件，避免致病菌影响下阶段养殖。杀菌池长 5 米、宽 3 米、深 1 米，配备 1 台 1T/h 型号的电化水设备，按照 0.15 毫克/升的有效氯浓度进行滴加，确保灭菌完全。本环节可有效降低尾水中的粪大肠菌群数量。

（三）场地处理水量

该养殖园区总面积 277 亩，共 37 口塘，每口池塘平均蓄水深度 2 米。除去 2 口池塘建尾水处理系统外（32.2 亩），养殖池塘 35 口共 244.8 亩，养殖总水量为 32.7 万米^3。按照上述设计思路，捕捞后尾水可以先原位处理再多批次处理，因此只需要考虑日常底排污和日常换水排出的高浓度尾水即可。按照日底排污水量 10 米^3/口、日常换水量 2%计算，则养殖池塘每日将产生 6 890 米^{3}尾水。因此本项目工程处理水量为 287 米^3/时。

（四）处理效果

根据项目建设地的实际检测情况及国内养殖尾水水质资料，确定了日常排出的养殖尾水水质。同时，根据《淡水养殖尾水排放要求（征求意见稿）》二级标准和《地表水环境质量标准》（GB 3838—2002）Ⅴ类水标准确定了处理后水质，如表 5-14 所示。

表 5-14　处理前和处理后水质对比

序号	项目	处理前	处理后	标准
1	高锰酸钾指数（COD_{Mn}）（毫克/升）	40.00	4.99	25.00
2	总氮（TN）（毫克/升）	9.00	3.02	5.00
3	总磷（TP）（毫克/升）	0.900	0.212	1.000
4	pH	7.70	6.85	6.00～9.00
5	悬浮物（SS）（毫克/升）	140.0	131.5	100.0
6	粪大肠菌群（个/升）	60 000		10 000

第六章 池塘流水槽养殖尾水处理技术模式

第一节 模式简介

池塘流水槽养殖尾水处理技术模式是在池塘中集中或分散地建设多组标准化养鱼流水槽，流水槽中高密度“圈养”滤食性鱼类，通过气提式增氧推水装置在流水槽中形成高溶氧水流。流水槽和外池塘构成一个微流水循环系统。养殖过程中产生的部分固体粪污在微流水的作用下慢慢沉积在流水槽下游的集污区，利用粪污收集装置收集后为水培蔬菜等提供营养，进行资源化利用；溶于水中或未收集到的鱼类粪污被浮游动植物吸收利用，外池塘放养鲢、鳙等滤食性鱼类可有效摄取浮游动植物，通过种植水生植物等也可以直接吸收利用这部分营养，从而改善养殖水体环境，实现养殖周期内水体零排放，减轻因水产养殖带来的环境压力。

与传统池塘养殖模式相比，池塘流水槽养殖技术具有以下显著的优点：

①有效地提高产量和生产效益。

②由于鱼类长期生活在高溶氧微流水中，可以大幅度提高成活率。

③提高饲料消化吸收率，降低饲料系数。

④采用的气提式增氧推水设备可以降低单位鱼产量的能耗。

⑤实现水体零排放，减少环境污染，达到绿色、可持续发展。

⑥提高劳动效率，降低劳动成本。

⑦多个流水槽可以进行多品种养殖，避免单一品种养殖的风险；同时，也可以进行同一品种多规格的养殖，均匀上市，加速资金的周转。

⑧大大地减少病害发生率和药物的使用量，增加水产品的安全性；

同时，提高养殖水产品的质量。

⑨日常管理操作十分方便，尤其在无须干塘的情况下，起捕率可达100%。

⑩有效地收集养殖过程中产生的废弃物，从根本上解决了水产养殖水体富营养化和自身污染问题。

⑪实现室外池塘规模化、工厂化、智能化养殖管理，加快水产养殖绿色发展的进程，实现精准水产养殖的目标。

⑫由于水质优良，鱼一直处逆水游动状态，体色发亮，肌肉丰满、体型健美，一些地方称之为“健美鱼”“跑步鱼”。鱼肉无土腥味、脂肪少，肌肉光滑有弹性，更受市场欢迎。

目前该模式在上海、江苏、浙江、宁夏、广西、贵州等十几个省份均有应用，全国池塘流水槽达到7 000多条。

第二节　技术原理

池塘流水槽养殖尾水处理技术模式的广泛推广应用展示了其在商业化养殖中可持续发展的优势。为了达到高生产力水平和效率，实现水体零排放、粪污资源循环利用，了解和遵循池塘流水槽养殖尾水处理技术模式的基本原理是非常关键的。该养殖系统在功能上与传统池塘养殖有相同之处，但在设计和管理上却有很大的差异，从而实现产量、效益的大幅度提升和环境质量的改善。

一是微流水养殖。这是一个微流水养殖系统。维护池塘内水体的充分混合和连续流动是至关重要的。池塘流水槽养殖尾水处理技术模式最关键的原理是让安装在流水槽上游的气提式增氧推水装置连续运行，使水体得到很好的混合和流动。在整个池塘中保持持续的水体流动和混合，能够改变浮游生物优势种的组成及稳定性，增加有益菌，加速污染物被分解的速率，减少传统池塘中容易出现的水质过度波动。

二是投喂高质量的饲料。投喂高质量的饲料也是降低排放的重要因素。因为在池塘流水槽养殖尾水处理技术模式中，鱼被养殖在某一个微流水状态下的特定空间，因此需要为其提供优质全价的配合饲料，来保障获得最佳的成活率、产量和饲料转化效率（FCR）。这种养殖系统不适合用低蛋白质或低生长性能的饲料。养殖者关注准则应是尽可能降低单位收益中的成本，而不是仅仅关注饲料的价格。与廉价低生长性能的饲料相比，高质量的饲料如果能正确投喂，能够使得饲料投入获得最大的回报。

三是科学投喂。饲料每日多次投喂是很重要的，既能使养殖的鱼类均匀性更好，也能提高饲料转化效率。要获得最好的饲料转化效率，少量多次投喂法比一天只投喂一次的效果好。这对于从小规格鱼种到大规格鱼种，再到500克以上规格的鱼类饲养来说尤为重要。因为生物量是已知的，所以应当采用90%饱食法，以获得最佳的饲料投喂效果。

四是自动吸污。利用人工或开发的自动吸污装置吸污是池塘流水槽养殖尾水处理技术模式中非常重要的组成部分。在充分增氧的池塘养殖系统中，总废弃物的负荷量仍是决定养殖产量和风险的重要因素。在日常管理中，通过去除鱼类粪便固体物来减少池塘内的废弃物积累，将会使养殖系统产出超出其本身所能承载的更高产量。为了确保达到这一目标，最好采用每天自动（连续）收集废弃物的方法来优化减污效果。

五是外池塘养殖滤食性鱼类。外池塘养殖滤食性鱼类是池塘流水槽养殖尾水处理技术模式中的一个重要组成部分。流水槽内养殖的滤食性鱼类，摄食饲料后就会排泄大量的废弃物。通常，它们只能吸收利用摄入饲料中25%～30%的养分，即它们会把饲料中的70%～75%的养分排泄出去。其中，被排放的物质中有些为气态物质，如二氧化碳，大部分是液态（溶解态）和固态的废弃物（粪便）。养殖人员会尽可能地收集、去除这些粪便类固体物。但在池塘养殖条件下，很难经济可行地收集部分已溶解的或液体废弃物。此时，最有效的办法就是通过浮游生物的繁殖来吸收、固定水体中这部分养分，然后放养滤食性鱼类来有效地摄食浮游生物。鲢、鳙在利用浮游生物方面是非常高效的，在不增加额外饲料的情况下可以提供22%～25%的额外鱼产量。养殖珍珠蚌也是一个不错的选择。在流水槽养殖系统外池塘中养殖珍珠蚌，通过加快水体中未被充分利用的这部分废弃物的转化，使其被重新利用，从而有利于改善水体环境，也带来了珍珠的高收益。

六是安装增氧推水设备。在流水养鱼槽中高密度“圈养”滤食性鱼类，通过使用气提式增氧推水装置为养殖池提供高溶氧水流和为整个系统大循环提供保障。通过在流水养殖池尾部安装粪便收集装置，收集鱼类粪便，消除养殖中产生的污染，结合外塘的水体自净作用，实现低碳、高效的养殖目的。维护池塘内水体的成分混合和持续流动是至关重要的，这样才能加快因饲料投喂产生的污染处理进程。安装在流水槽上游的增氧推水设备的连续运行，是池塘流水槽养殖尾水处理模式最核心的。

池塘流水槽平面、纵面、剖面图如图 6-1 至图 6-3 所示。

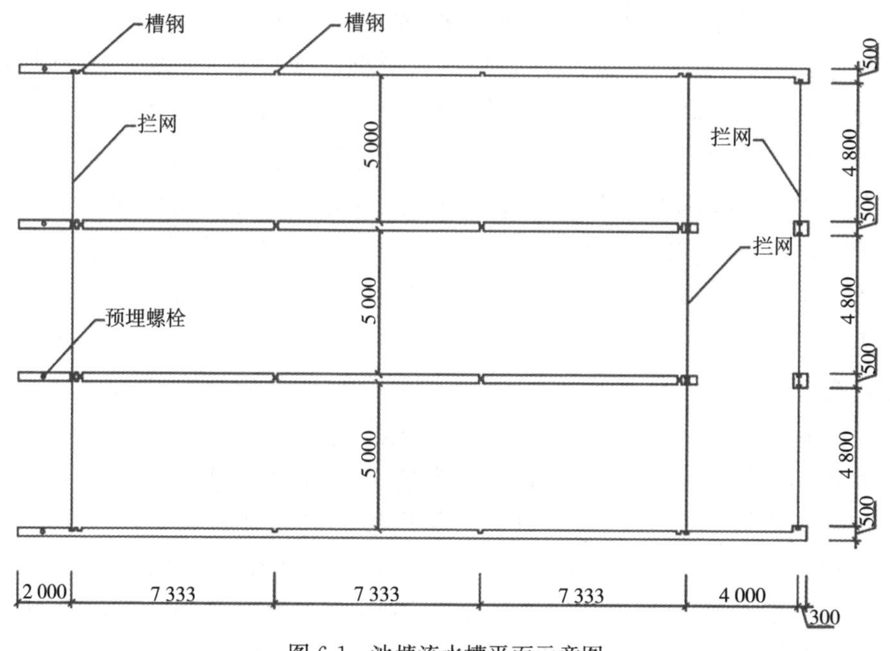

图 6-1　池塘流水槽平面示意图

图中数据单位均为毫米

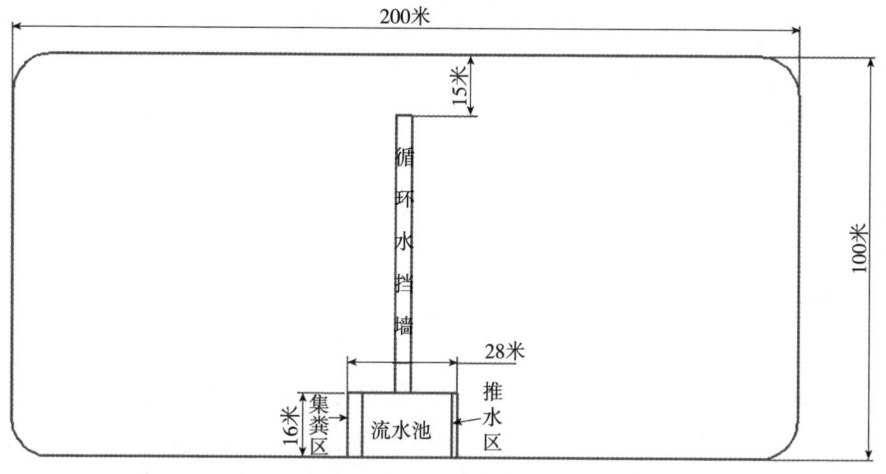

图 6-2　池塘流水槽纵面示意图

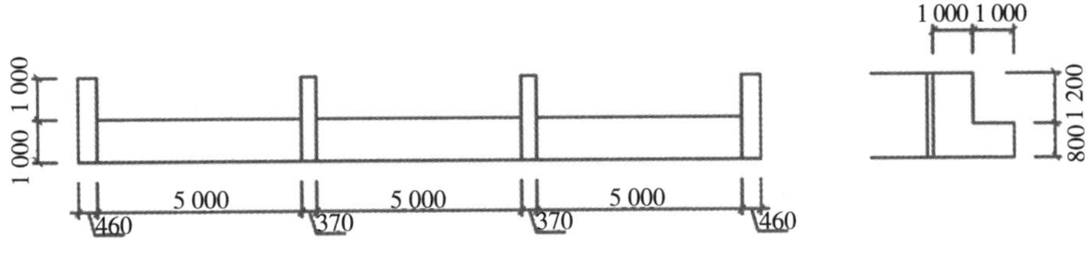

推水池正剖面示意图

推水池侧剖面示意图

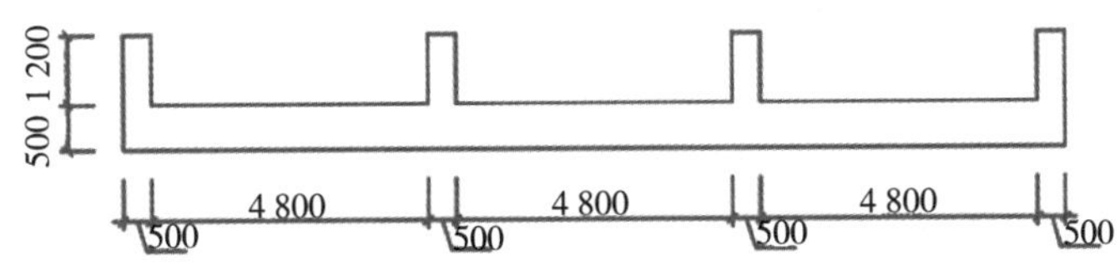

集粪池出水处剖面示意图

图 6-3 池塘流水槽剖面示意图

图中数据单位均为毫米

第三节 技术要点

一、池塘流水槽尾水处理系统的设计与建造

（一）流水槽系统的池塘选择

流水槽系统的池塘设计和建造需要考虑很多因素。土壤类型、地形、进水口、排水位置、电源接入点、捕捞时的清鱼处、饲料入口、系统的管理和其他因素都要考虑进去。在我国，现代养殖池塘规模正在慢慢变小，因为较小的养殖池塘虽然建造成本较高，但是对比大规模的池塘拥有更高的管理效率。但是，由于小型池塘在建造过程中挖土更多、额外进排水，其单位蓄水的成本更高。因此采用池塘流水槽养殖模式时，选择适度大小的池塘是很重要的。建议选择一口面积在25～100亩的池塘作为一个生产单元，要求池底平坦，淤泥厚度小于20厘米，塘口呈东西向，形状为方形，长宽比接近2∶1，平均深度2米左右为宜。同时还需水源稳定、水质清新，满足国家渔业水质标准，有独立进排水渠道，有稳定的电力配套，交通便利，环境良好，塘口周边无工业污染源等。

（二）流水槽系统设计建造

1. 流水槽

流水槽通常应建在池塘的长边一端。考虑到设备安装和生产操作方便等因素，建造流水槽的材料应根据当地的资源情况因地制宜。建造的主要材料包括钢筋混凝土、砖石、玻璃钢等。流水槽形状为长方形，规格应根据养殖的品种、增氧推水设备的功率等因素而设计。目前推荐的商业化规模的流水槽尺寸为 25 米（注：包括集废区）×5 米×2 米（图 6-4）。流水槽通常需紧贴着塘埂建造，并与塘埂平行，其他的池壁就以此为起始点依次建造。流水槽的墙基会略高于土池的池底（大约 10 厘米），且墙基均需采用钢筋混凝土结构，这样才能更好地支撑每一块墙体。地基的大小可依据池底土壤的类型和稳定性确定，其长度覆盖到整个流水槽墙体即可。流水槽与池塘的面积比例主要取决于养殖的品种、设计的载鱼量、吸污装备和吸污效率、管理水平等，根据目前的技术管理和吸污装置水平，建议比例控制在 2.0%左右。

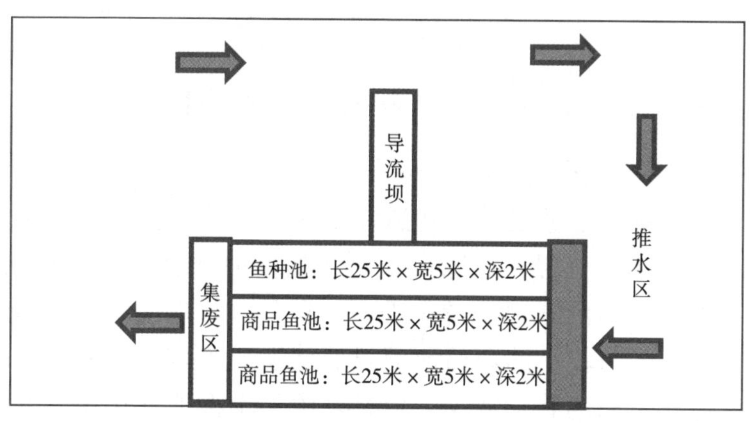

图 6-4 流水槽的组成及尺寸图

2. 流水槽建设过程中相关基建要求

流水槽是该养殖系统进行养殖的主要场所，因此流水槽的建设必须坚固可靠，需要注意以下几点。

（1）墙体与水平面呈 90°，墙体及底板需光滑平整，以保证墙体的牢固及设备安装、捕捞等顺利进行，如图 6-5 所示。

（2）墙体底部圈梁及墙体构造应是砖混或由混凝土浇筑而成，墙

图 6-5　池塘流水槽实际建设示意图

体不可用空心砖等劣质建筑材料。

（3）流水槽中的沟槽是用来插放拦鱼网的，一般预埋钢槽，流水池进出水口均需要两道卡槽以便后续对拦鱼网进行更换维护，中间两道卡槽用于同池混养不同品种或者不同规格鱼种所设的拦鱼网，可根据需要适当增加或减少。集粪池的最后一道拦网卡槽必不可少（图 6-6），集粪池不允许任何鱼类进入，否则粪便收集率大大降低。所有卡槽必须保证符合图纸要求尺寸，否则会导致拦鱼网无法插入或者插入后较为松动、上下间隙不一致等问题，给后续养殖过程中带来很多的麻烦。

图 6-6　池塘流水槽实际建设的集粪池预埋件示意图

（三）增氧推水系统

池塘流水槽养殖技术的核心是要让整个养殖池塘的水体保持有效

和持续充气和混合，并且让这些经充分充气的塘水不断地流经每条流水槽。要达到使大量水体流动这个目标，传统方法通常需要消耗巨大的能量。但是，新型的增氧推水设备采用低压力、大风量的鼓风机为一组安装在水下限定区域的曝气管输气，其运行效率非常高。因为空气被导（输）入曝气管，它们能把小气泡释放到水体中，并与水体充分接触。这一方法产生的气水混合在导流坝的作用下形成很强的定向水流。这种水的流动力很大，具有很大的惯性，能够在很短的时间内在整个池塘形成环流。利用增氧推水设备的这一功能，不断地使水体流经每条养殖流水槽和在池塘内大循环。

1. 推水设备和曝气组合对鼓风机的参数要求

（1）鼓风机必须经久耐用。

（2）最小指标是每小时 170 米^{3}气体输出。

（3）鼓风机的输出功率因型号大小和曝气管在水下的深度而变化。

（4）一个池塘流水槽养殖系统需要至少 3 个鼓风机。

2. 推水设备和曝气组合对曝气管的要求

（1）曝气管必须经久耐用。

（2）曝气管的效率应为 2.25 米^3/（米·时）。

（3）曝气管需要置于特定的水下深度，最好是 1.00～1.25 米。

气提式增氧设备如图 6-7 所示。

图 6-7　气提式增氧设备

（四）废弃物收集系统

废弃物收集系统由吸污装置和废弃物沉淀收集池（图 6-8）组成。吸污装置由吸粪嘴、吸污泵、移动轨道、排污槽、自动控制装置、电路系统等组装而成。它利用吸尘器的原理，通过吸污嘴快速自动地将流水冲入集废池底的粪便及废弃物吸走。增氧推水系统带来的定向水流流动也能把由鱼类产生的粪便和其他的养殖废弃物集中于流水槽下游的集废区。集污区在最下游部分（一般在流水槽下游的 3～5 米）形成废弃物沉淀收集区域，通过自然沉淀，固液分离。固体可以直接用作花卉、蔬菜等的高效有机肥；液体可通过种植的水生植物净化吸收再利用，水质各项指标一旦达到规定的标准后，可进入池塘循环使用。

图 6-8　池塘流水槽废弃物收集池示意图

（五）拦鱼设施

流水槽养鱼需安装三道拦鱼栅，包括养殖池进口端、出口端和集废池尾端。一般使用片装镀锌铁丝网、不锈钢网（建议用不锈钢），四周用角钢等材料制成边框并附加加强筋。网目大小依鱼种规格及品种而定，网目不宜过小，以防影响正常水流。池塘流水槽拦鱼网如图 6-9、图 6-10 所示。

图 6-9　池塘流水槽拦鱼网建设示意图

图 6-10　池塘流水槽拦鱼网使用示意图

（六）流水池槽进水口防护网

防护网起着拦截树叶、树枝、杂草、垃圾等杂物的作用，以保证推水装置的正常运行和拦鱼网的畅通，如图 6-11 所示。一般建议安装于推水装置后 5～10 米处，为整个进水口安装一道屏障。防护网的网孔视情况而定，在能起到预期作用的情况下尽量选大的。设备安装需要在干塘的情况下进行。

图 6-11　池塘流水槽流水池进水口防护网示意图

（七）应急支持系统和工作平台

应急支持系统中应有配电设备或供电线路，用于驱动系统的增氧推水系统或为其他设备提供电力。同时，应自备纯氧管和小型发电机，以应对突发情况，避免损失。全天候照明对于系统的管理是非常重要的。在池塘流水槽养殖尾水处理系统设计时，应规划好鼓风机的电路设计和照明系统。

在流水槽的上下游两端应分别铺设工作跑道或平台。这些跑道或平台要延伸穿越整个流水槽，以便于后期在这些工作跑道或平台上进行饲料投喂或各种养殖管理任务。这些工作跑道或平台一般宽 1.0～1.2 米，可建成混凝土或框架结构。

（八）导流坝

在池塘流水槽养殖系统的设计中，还要考虑建造导流坝，以引导水流绕着整个池塘循环流动。如果没有导流坝，那么池塘内的水流就不会围绕整个池塘做长距离流动，而是小循环，很快回到流水槽的入口，这样让水流动所发挥的作用就减弱了。导流坝可以用泥土堆成，就像建造堤埂一样，也可以用池塘底泥垒成。其他如塑料编织布、高密度聚乙烯塑料膜等材料都能提供更长效的导流效果，能够更好地引导池塘内的水体大循环微流动。建造导流坝的目的就是要形成一个“池塘内的河流”，使整个池塘的水体在围绕池塘流动的过程中得到充分混合和曝气。

二、池塘流水槽养殖系统的管理

（一）池塘流水槽养殖系统注水前的准备

1. 消毒

在池塘流水槽养殖系统建成调试完成后，并在准备投产之前，池塘需要做好适当的准备工作。新建砖混或混凝土结构的养殖槽，需用0.1%的高锰酸钾进行表面泼洒脱碱。脱碱7天后，用0.3～0.5毫克/升的聚维酮碘溶液进行表面泼洒消毒。同时，对流水槽外净化区池塘消毒，首先排干池水，每亩用100～150千克的生石灰或5.0千克的漂白粉干法清塘消毒。消毒7天后，向净化区池塘注水1.8～2.0米深。需要注意的是，在池塘加注新水时不能有任何鱼卵进入养殖系统，可用筛绢或类似材料做成的小网目筛网过滤后进水。

2. 组配水生植物

在净化区池塘的岸边栽植挺水植物，浅水区种植沉水植物，面积占净化区池塘面积的20%～30%。也可以在水面上设置生态浮床，种植空心菜、水芹等根系发达的植物，面积占净化区池塘面积的20%～30%。向净化区池塘内移殖螺蚌，每亩移殖5～10千克。还可以在净化区池塘内放养滤食性鱼类，如放养规格100克/尾的鲢100～150尾，规格500～750克/尾的鳙20～30尾。

（二）系统设备调试

检查气提式增氧推水设备、拦鱼格栅、废弃物收集装置、发电机、报警装置、工作平台等设施设备是否安装到位、性能完好，确保处于正常工作状态。

（三）养殖投放

1. 制订渔场全年生产计划

搞好渔业生产要提前安排全年的生产工作计划，提前规划，有的放矢，按既定目标进行生产。一是制订全年池塘流水槽养鱼生产计划。养殖规模、主养品种、上市时间、上市规格、需要的饲料量、生产投资额、生产管理人员数量、注意可能出现的问题等，都要提前计划好、防范好、安排好，决不搞盲目性生产。二是落实苗种、饲料等生产投入品。需要量要预定好，要严把质量关。三是落实生产资金。根据生产预算，全年总需多少投入，每个生产阶段需要多少资金，要准备充足，要充分用活用好现有资金，提高资金利用率。在安排生产时，可投放不同品种、不同规格鱼种，错峰上市，不同季节上市，加快资金回笼，以减少总体资金不足压力。

2. 制订单个池塘生产计划

对于一个池塘，需要根据鱼种来源、市场需求、技术水平、资金投入、效益比较等各方面条件，一般选择一两个品种或者同一品种不同规格开展生产，以适应市场需求。并安排一个水泥池培育鱼种，为下年准备好优质的、适应流水池环境的大规格鱼种，以减少生产投资。鱼种投放规格与成鱼出池上市规格和时间有关，而出塘规格和时间又与市场需求相联系。一般上市时间越早，出池规格越大，投放的鱼种规格就大些；反之，则投放鱼种规格就小些。鱼种投放数量则与流水养殖池的承载能力有关，而流水养殖池承载能力都有限度，就目前来看，单池承载量以不超过 30 吨为宜。投放时间安排在早春为好，一般在池塘水温 10℃左右，鱼种即将开食之前投放，此时水温低，鱼种下池时损伤小，又能在下池后不久便及时开食，得到营养补充，恢复过冬体质的消耗，及时愈合伤口，具体时间一般在年初的 3—4 月。

3. 放养鱼类的筛选和分级

池塘流水槽养殖是把滤食性鱼类养殖在有限空间的流水槽内的一种集约化养殖方式。为获得高饲料转化率，需要放养规格大小一致的健康优质鱼种。同时，为了提高养殖的年产量和养殖效率，降低养殖风险，可采取放养不同规格的鱼种进入池塘流水槽养殖系统中进行多级养殖，保持不同养殖流水槽中的鱼起捕时间有 3～4 个月的差距，这样可加速资金周转和错峰上市。

流水槽养殖的品种选择应遵循市场需求量大、价格较高、耐密养、适应流水环境、能食用人工颗粒饲料的要求。目前可选择的养殖品种有草鱼、斑点叉尾鮰、鳜、鲫等。鱼种要求选择水产良原种场或信誉较好苗种厂家所提供的良原种，并且鱼体健康、体质健壮、游动活泼、无病无伤、鳞片完整、规格整齐等。流水槽实际能获得的鱼类产量是与其所在的池塘水体体积相匹配的。因此，在流水槽中放养的鱼类数量和规格要适合池塘流水槽养殖系统的总容积。根据以往养殖研究的经验，推荐设定一个每立方米的目标产量作为起始目标（注：以草鱼为例），这个每立方米的目标产量设定在150千克左右，且上市规格为1.5千克，则每立方米水体应该放养100尾左右。放养量只要用池塘容积允许范围内安全目标产量除以养殖周期结束或生长季结束时预期的鱼体重即可计算出来。

4. 投放前准备

基建和设备一切准备就绪后，对全塘和流水池用50千克/亩生石灰杀毒。提前3天开启推水装置，使鱼塘水体充分曝气，以减少水体中的有害耗氧物质。鱼苗投放前3天再次检查各设备是否正常运行，消毒及苗种转运用具是否齐全。

5. 鱼种投放

鱼种下池前要用药物进行浸洗消毒，即将消毒药物用水调成规定的浓度，如食盐为每50千克水用1.5～2.5千克，漂白粉为每立方米水用10～30克，高锰酸钾为每立方米水用15克，将鱼种放入容器中洗浴浸泡10～20分钟，在浸洗时观察鱼的活动情况，如果鱼体没有异常现象，时间可长些，反之时间短些，浸洗完成后将鱼种捞起即可。由于鱼种下池前没有经过强化培育和防病，拉网下池也有不少鱼受伤，同时将鱼种从池塘突然放到流水养鱼池小环境中，鱼种不适从而产生严重的应激反应，鱼种乱窜，撞击前端拦鱼栅和池壁，造成鱼吻端和鱼体受伤严重，体质消瘦，感染病菌，死亡率高。为预防和避免严重的鱼种应激反应，建议一是大鱼种由流水养鱼池中直接培育出来为好；二是池塘培育的鱼种在上一年的秋冬季节强化培育，增强体质，并进行杀虫、杀菌、消毒，使鱼体强壮，不带病过冬；三是在流水池前端拦鱼栅后的第二道槽沟中加一道软体拦网，以防鱼体撞击受伤。

三、饲养管理

（一）投喂管理

1. 饲料选择

饲料是水产养殖的主要投入品，其投入占整个养殖成本的60%以上。饲料的质量直接关系到养殖经济效益和所养产品的质量，尤其是在消费观念的改变和食品安全逐步完善的今天，饲料质量好坏决定了养鱼的成败。在选择的时候应该把握以下三点。

（1）根据养殖品种和养殖规格选择与其营养需求相符的饲料。

（2）品质优良，饲料加工设备及工艺优良，所有原料无霉变及违禁添加剂，饲料外观光滑有光泽，水中稳定性要超过 20 分钟，饲料颗粒大小合适、不过硬、无松散、无霉变等。

（3）不同规格和品种的鱼饲料粒径的科学选择，如草鱼，500 克/尾的选择 2.5 毫米粒径，1 000 克/尾的选用 5 毫米粒径。在选择饲料时，一般优先选择正规大型饲料厂生产的膨化饲料。

2. 鱼种下池后投饵驯化

鱼种在下池前经过捕捞、运输等环节，下池后环境的突然改变，均会导致鱼种难以避免地出现各类应激反应。一般情况下，鱼种下池一周内不进食，待其适应后会慢慢摄食（也要根据当时的水温），水温合适时开始驯化，利用条件反射原理，每天定时定点给予声音刺激并缓慢投喂饵料，如此坚持一周即可驯化成功。

3. 投喂

在池塘流水槽养殖系统中，养殖鱼类饲料转化效率是非常高的，从而为饲料在现代水产养殖发展中的应用提供了广阔的前景。在流水槽养殖系统中，养殖者能获得高效投饲效果的主要原因：一是投喂的是一个熟悉的养殖品种；二是在给一群同样规格大小的鱼投喂；三是鱼类集中在空间有限的流水槽中，远离投喂者；四是饲养环境优越；五是无论是人工投喂还是机械投喂，都可以很方便地做到一日投喂多次。池塘流水槽养殖设施便于自动投饲，甚至还可以结合远程控制，从而使投饲与管理技术相融合。在一定程度上，用于鱼类快速生长的高质量的饲料成本，可以被较高的产量及养殖效率补偿。

在池塘流水槽养殖系统中，饲养环境稳定，几乎接近最优的水质状态。因此，投饲量和鱼类对投饲的生长响应也是稳定的，具有较高的预测性。采用推荐的 90%饱食投喂法养殖多种鱼类都取得了很好的成效。将已知数量、规格和重量的鱼种放养在流水槽养殖系统中，经过短暂的适应期（2～5 天）后，根据这些鱼类的规格大小、所处的生长阶段和养殖系统的水温等具体情况，投以一定数量的饲料。在降温或升温期间，投喂的饲料量（以鱼体重的百分数计）应做相应的调整。在最适饲养温度下，每天要多次投喂。事实上，采用机械投饲的养殖系统，饲料投喂几乎是不间断的。获得最优的投饲率和鱼类生长率的关键是管理人员要给鱼类投喂 90%饱食水平的饲料量。管理人员每 7～

10天制订一个“饱食投喂”投饲量表（依据鱼体大小和水温）。一周后根据鱼类饱食所需的饲料量重新计算和制订出新的日投饲量。精确地制订投饲量需要一定的经验。管理人员应该首先掌握让鱼类达到饱食水平所需的饲料量，然后提供90％饱食投饲量，这样可以获得高的饲料效率。投饲的目标就是要通过鱼类的最佳生长来换取最大的利润。利用高质量的饲料和有效的投饲策略能使养殖商品鱼的饲料系数达到1.4左右。而劣质饲料和不良的投饲习惯会增加商业化养殖的成本。

虽然鱼类被投喂至九成饱（90％饱食）是一个优选的投饲策略，但是投饲过程中仍应考虑由于水温的变化，鱼类的摄食量也会相应地变化。因此，最好每天少量多次投饲，而不是多量投饲一次、停喂几天。在有季节性温度变动情况下，投饲指南如下：

在10～15℃时，日投喂占鱼体重0.5％～1.0％的饲料量；

在15～19℃时，日投喂占鱼体重2.0％的饲料量；

在19～30℃时，日投喂占鱼体重3.0％的饲料量；

在34～38℃时，日投喂占鱼体重0.5％～1.0％的饲料量。

还要注意的是，按体重百分数投喂的饲料量也应随鱼体大小而做调整。

（二）水质管理

有经验的池塘流水槽养殖系统管理者也必须了解养殖系统的水质情况。可使用试剂盒或智能监测装备来检测养殖池塘中的水质指标，除了常见的溶解氧和温度外，其他重要的、应经常记录的水质参数还包括碱度、硬度、盐度、氨氮、亚硝酸盐氮、二氧化碳和pH。养殖槽中的碱度、硬度和盐度是池塘水质性能的描述，为生产管理者深入了解水质提供了基础。这些指标参数让养殖管理者明白该系统适宜养殖的品种，以及了解养殖系统的环境条件。

养殖者可能经常会思考池塘流水槽养殖系统是否需要换水。除了补充渗透或蒸发减少的水外，不建议流水槽养殖系统的池塘换水，这是因为养殖过程中产生的废弃物在被不断地收集、分解、净化，所以就不再需要换水。在很多地方可能无水可换；而在另一些地方，由于农业用水，池塘外的水水质太差而使得换水没有实际意义。一个既经济又生态的方法是细心管理好池塘水质，且不要从外部水源带入不需要的竞争性鱼类、病原或其他物质。管理好池塘水质有三条途径：一是要放养好配养鱼。按照 80∶20 的生产模式放养 20%左右的鲢、鳙等配养水产品，每亩套养 1 200 只左右珍珠蚌也能达到生物净化效果，同时，每亩搭配放养规格 250 克/只以上的中华鳖 5 只，6 月中下旬投放规格 1 000～1 500 尾/千克的青虾 10 千克也可获得较为不错的经济收益。二是调好水。每亩用 25 千克生石灰，化水后采取“十字消毒法”泼洒，每月一次，调节水体 pH，杀菌消毒。三是加水。由于高温季水分蒸发及不断抽取污水等原因，池水水位下降，影响水体的净化功能、机械设备运行效果等，因此要及时加新水，维持稳定的池塘水位线。同时需要实时监控水温、pH、溶解氧、氨氮及亚硝态氮的含量。使用 EM 菌、光合细菌、芽孢杆菌等微生物制剂，增加净化区池塘增氧机开机时间，保持透明度 35～50 厘米。

（三）废弃物管理

自动废弃物收集装置对粪便和废弃物的回收，可大大减少水体污染物的含量，降低氨氮、亚硝酸盐、硫化氢等有毒有害物质对水体质量的影响。每天收集废弃物 2～4 次，因废弃物以在鱼吃食后 3 小时排放量最多，故每次均在鱼吃食后 3 小时左右开始收集废弃物。每次开机 20 分钟左右。废弃物收集时要看外塘水质变化，若外塘水质清瘦，则可减少收集时间和次数；若外塘水质过肥，则应增加收集时间和次数。另外，收集废弃物时，鱼规格越大，存池鱼数量越多，饲料投喂量越大，收集的时间和次数就多些；反之，则少些。养殖过程的废弃物有很多的作用，如沼气就是从固体废弃物中得到的副产品。废弃物也是优质的有机肥料，可用于种植蔬菜。

（四）流水槽内鱼类的健康管理

在流水槽系统养殖过程中，应和传统池塘养殖一样，采用预防性措施管理放养鱼类。同时，可通过对流水槽养殖系统设施的管理，使养殖池塘水质和其他环境参数达到适宜鱼类健康生长的条件，来提高整个养殖期间的成活率。

1. 鱼类健康管理方案

鱼类的健康是通过以下常规方法进行管理的。

（1）所有选择用于在池塘流水槽养殖系统中养殖的鱼类在放养前都要进行消毒处理，以驱除皮肤和鳃上的寄生虫以及体表细菌。这个管理方案包括所有滤食性鱼类和鲢、鳙等其他滤食性鱼类。

（2）在以下两个阶段都要采取预防措施：

①在鱼种放养至流水槽之前；

②在鱼种放养和开始投饲之后的不同时间间隔内。

（3）在鱼病防治中所用的药物都必须符合国家已批准的水产养殖用兽药标准，包括使用的消毒剂。

（4）药物处理所用的浓度和频度建议如下：

①高锰酸钾：浓度 20 毫克/升，浸泡 30 分钟至 1 小时；

②硫酸铜：浓度 2～4 毫克/升，浸泡 1 小时［注意：铜的有效剂量受到碱度的影响很大，所以在计算铜用量时，根据公式总碱度（毫克/升）/100＝所需硫酸铜量（毫克/升）来计算］；

③过氧化氢（35％）：浓度 50 毫克/升，浸泡 1 小时。

2. 鱼病防治措施

鱼病防治措施要以防为主。预防工作除加强对流水槽养殖系统设施的管理外，还需做好水体消毒和病虫害杀灭工作。需定期对养殖槽内的养殖鱼类抽样，在显微镜下检查，主要检查鳃和皮肤是否有寄生虫，并做好相关记录。如果有，需立即对养殖槽内进行杀虫处理；若没有，则将这些样品鱼消毒处理后再放养。在整个养殖过程中，需要定期对流水槽中的鱼类进行抗寄生虫处理。不同季节处理建议如下：

①冬季水温低于 12.5℃时，建议每 8 天预防处理 1 次；

②春季水温在 12.5～24.0℃时，建议每周处理 1～2 次；

③夏季水温在 24.0～29.0℃时，建议每周处理 1 次；

④秋季水温在 12.5～24.0℃时，建议每周处理 1～2 次。

注意：在给流水槽中鱼类施用药前，需把药物充分溶解或稀释。由于养殖空间相对较小，应避免把药物用在鱼类密集处，以往灼伤鱼类。

（五）日常管理

池塘流水槽养鱼是一项高投入、高产出、高风险的生产项目，稍有不慎则损失巨大，要积极规避风险。因此其日常管理重要工作显得格外重要，日常管理主要是巡塘，通过巡塘发现、总结和处置问题，每天至少要早中晚巡塘三次。一看机械设备，看机械设备是否运行正常，是否进行了保养和维护；二看鱼吃食是否正常，有无残饵；三看水质是否正常，查看一下水温、水流、水色、溶氧等各项指标是否在正常范围内，是否有浮头可能；四看鱼是否有发病预兆，如离群独游、躁动不安、失去平衡、体色反常、不吃食等现象。

除了人工巡塘观察以外，现代互联网自动化技术在渔业发展上正在被逐步运用。一是水质监控，监测水温、溶氧、氨氮等多项指标；二是设备运行监控，特别是增氧推水机是否处于正常运行状态，确保不损坏、不停机，停机报警极其重要；三是安全监控，主要是鱼的活动情况，防偷盗、防灾害等。

四、捕捞管理

因为所有养殖的鱼类已经在限制区域里，所以从池塘流水槽中捕鱼是十分简单的。在池塘流水槽养殖系统中无需拖网装备。当通过抽样确定养殖鱼类已达目标商品规格后，即可与接收这批商品鱼货的有关人员或经销商联系，确定具体的捕捞日期。

捕捞时要注意：如果捕鱼时操作粗暴、鱼类应激严重，这些鱼在进入市场后的品质和重量都会下降。捕捞时先把鱼类集中起来，再用网或者专用吸鱼泵快速地将鱼类从养殖水体中移出来，这样既可以减少对鱼类的胁迫，也能降低劳动力成本。

第四节　处理效果

相比于传统的池塘养殖，池塘流水槽养殖尾水处理模式是一项节水、节地、节能、节药、减排、高产、高效、优质、省心的绿色渔业生产技术。通过多年的实践试验，从业人员发现池塘流水槽养殖尾水处理模式相较于传统的池塘养殖拥有更好的处理效果。

（1）节水　对比传统池塘养殖塘口商品鱼每吨耗水 340 米^3，试验池塘流水槽养殖尾水处理模式每吨鱼耗水 1 585 米^3，单位节水率为 78.5％。

（2）节地　试验池塘流水槽养殖尾水处理模式下亩产鱼 3 549 千克，比传统池塘养殖塘口商品鱼亩产量高出 67％，折算节约土地 2/3。

（3）节能　经测算，试验池塘流水槽养殖尾水处理模式下养殖每千克商品鱼能耗 0.3 千瓦·时，同传统池塘养殖塘口每千克商品鱼能耗 0.389 千瓦·时（10 亩水面，亩产 1 000 千克，162 天能耗量在3 888千瓦），节能23%。

（4）节药 试验池塘流水槽养殖尾水处理模式下每吨鱼用药费用为46元，传统池塘养殖塘口每吨鱼用药费用为500元，节约药品费用454元，节省近90%。

（5）减排 池塘流水槽养殖尾水处理模式下的塘口在试验生产期内未排放废水，试验结束后清塘排出的水均达到要求，实现零排放。

（6）高产 试验池塘流水槽养殖尾水处理模式下的塘口每立方米鱼类产量为139千克，平均亩产3 549千克，比传统池塘养殖产量高出250%以上。

（7）优质 由于池塘流水槽养殖尾水处理模式水质优良，养殖过程几乎无须用药，且鱼一直处逆水游动状态，俗称“健美鱼”。草鱼无土腥味、脂肪少、肉结实、体型健美、浑圆细长、体色金黄发亮。由于鱼味道鲜美、卖相好，销售非常火爆，每千克售价至少比传统池塘养殖高出1元。

第五节 应用范围

池塘流水槽养殖尾水处理技术模式适用于海淡水养殖，且适用于池塘、水库、湖泊等不同水体。自2013年以来，各级水产技术推广部门在全国进行了一系列的池塘流水槽养殖尾水处理技术模式的推广培训、专业考察及实地示范试验。多年的实践表明，池塘流水槽养殖尾水处理技术模式有利于室外池塘规模化、集约化养殖和工厂化、智能化管理，符合我国水产养殖业的健康养殖、可持续发展理念，从而实现低碳高效、节能减排、质量安全和环境友好的绿色发展目标。

池塘流水槽养殖尾水处理技术模式已在我国18个省市广泛推广应用（图6-12、图6-13）。据不完全统计，我国目前池塘流水槽面积达30多万平方米。目前，池塘流水槽养殖尾水处理技术模式是全国水产技术推广总站水产绿色健康养殖“五大行动”中养殖尾水治理模式的主推技术之一。各级水产技术推广部门将继续加大对池塘流水槽养殖尾水处理技术模式的研发和推广力度，同时也在探索新思路、新模式、新技术，进一步提高池塘流水槽养殖尾水处理技术模式的综合效益，并挖掘技术潜力。

池塘流水槽养殖尾水处理技术模式未来的发展趋势是标准化、规模化、智能化、产业化。总而言之，池塘流水槽养殖尾水处理技术模式在国内具有广阔的推广前景和重大的应用价值，为未来绿色水产养殖业的可持续发展奠定了坚实的基础。

图 6-12 池塘流水槽养殖在山东临沂的项目示意图

图 6-13 池塘流水槽养殖在安徽六安的项目示意图

第六节 典型案例

以下介绍安徽金桥湾农业科技有限公司案例。

（一）公司简介

安徽金桥湾农业科技有限公司位于安徽省滁州市明光市桥头镇现代农业示范区内，于 2016 年 5 月 27 日在明光市市场监督管理局注册成立，注册资本为 5 900 万元，现有固定资产 5 180 万元，是一家集水产养殖及销售、良种研发培育、有机肥制造及销售、农业技术开发等多元化业务于一体的综合性有限责任企业。该公司目前土地流转面积约 13 000亩，其中耕地 10 000 亩（经果苗木 3 800 亩，稻麦种植 5 000 亩，水生植物种植 1 200 亩），水面 3 000 亩（区域内水产养殖水面），建筑面积 1.5 万米^2。该公司建有现代化标准厂房 5 000 米^2。2020 年销售总额 6 926.8 万元，利润总额 620 万元。

该公司坚持科技创新，在水产养殖主业上，走标准化、生态化、规模化、多元化发展的道路，以“农户＋龙头企业＋合作社＋基地”的产业化发展模式，通过品牌化运营，初步形成了研、产、供、销一条龙的发展模式。该公司是一家集生态养殖、有机种植（鱼菜共生，水中养鱼蟹虾，水上种菜，水底养泥鳅、黄鳝）、农产品加工、花卉苗圃、精果采摘、旅游观光、休闲养生、产业扶贫于一体的现代农业科技创新型企业，主要产品有金桥湾生态甲鱼、大闸蟹、龙虾、鳜、加州鲈、黄颡鱼及四大家鱼等。共有 16 条池塘流水槽尾水处理设施，面积 1 760 米^2。该公司流水槽养殖基地于 2018 年建成，2019 年 3 月投入生产，养殖鲈、草鱼、鳜等品种，成为安徽省最大的池塘流水槽基地（图 6-14），可年产成鱼 90 万千克，产值 1 500 万元；同时，引进以色列流水槽养鱼技术，陆续建设 8 个（360 米^2/个）圆形循环流水养鱼池（图 6-15），总面积 2 880 米^2，2020 年生产成鱼 4 万千克，折合亩产 3.75 万千克，成为明光市现代渔业新亮点。池塘精养 500 亩，养殖品种有黄颡鱼、鲫、鲈等。公司还有水产低碳循环流水养鱼设施 2 处共 4 640米^2，鱼菜共生 400 亩，河蟹生态养殖 1 800 亩，圩区大水面养殖 900 亩。

图 6-14 安徽金桥湾池塘流水槽航拍图

图 6-15 安徽金桥湾圆形循环流水养鱼池航拍图

（二）池塘流水槽尾水处理运营情况

该公司在特种水产养殖上拥有成熟的技术，其中池塘高效内外循环流水养殖项目完全自主研发运营。高效内外循环流水养殖是“高效、优质、生态、健康、安全”的水产养殖，通过先养水再养鱼的过程，实现产出高效、产品安全的养殖模式。引用女山湖优质水源，配备双发电机双电源双回路供电。

一是池塘高效外循环流水养鱼共 8 个圆池，池深 3 米，圆柱深 2.5 米，直径 26 米，单圆柱体积 1 326.65 米^3，圆锥深 0.5 米，单圆锥体积 88.44 米^3，单池体积为 1 415.09 米^3。单池投放加州鲈种苗 5 万～6 万尾，规格 5 尾/千克，成鱼产量单池 2.5 万～3.5 万千克，产值 72 万元；单池投放草鱼 1.5 万尾，规格 1 尾/千克，成鱼产量单池 4 万～5

万千克，产值 85 万元。

池塘高效内循环流水养鱼池共 16 个槽。其中，1～4 号槽主养草鱼，套养鲫，投放草鱼苗 1.2 万尾、鲫鱼苗 0.5 万尾，成鱼规格（草鱼）3.5～4.5 千克/尾，单槽产量 3.5 万～4.0 万千克；5～10 号槽主养加州鲈，套养草鱼、鲤，投放鲈鱼苗 2.5 万尾、草鱼苗 0.2 万尾、鲤鱼苗 0.1 万尾，成鱼规格（鲈）0.75～0.95 千克/尾，单槽产量 1.5 万～2.0 万千克；11～16 号槽主养鲫，套养草鱼、鳙，投放鲫鱼苗 5.0 万尾、草鱼 0.2 万尾、鳙 0.2 万尾，成鱼规格（鲫）0.25～0.40 千克/尾，单槽产量 3.0 万～3.5 万千克。内循环流水养殖年产 1 200 万元。

主要建立小型圆形池塘，通过增氧推水装置推动水流，使养殖废弃物沉积聚集，并定时排出废物、废水。借助长时间增氧和加注新水方式，保持水质高溶氧状态。配套净化区通过大面积种植水生植物和放养肥水性鱼类实现水体自净，净化区放养的黄颡鱼类可以提高养殖整体效益。在养殖周期内，保持鱼类在良好的水体环境中生长，减少了致病菌和有毒有害物质侵袭，使养殖产品真正达到绿色无公害，实现产品安全、产出高效。

二是建成一套包含 16 条“跑道”的槽式循环流水养殖系统，其中流水槽养殖面积约 1 760 米^2，车辆运输投喂平台 320 米^2，配套净化外塘面积约 100 亩，1 月左右每条槽投放规格 0.60～0.75 千克/尾草鱼 6 000尾，每条槽可养殖生产出约 2.0 万千克草鱼成鱼，规格 3.5 千克/尾左右，每条槽产值 30 万元，利润 10 万元左右。

三是在养殖废水处理方面：①建立了 1 600 米^{2}的水泥池塘净化池，池塘中采用浮框固定种植绿色植物、水生花卉，起到一级净化水的作用（图 6-16）。充分发挥水生植物根系的吸附、过滤和沉淀作用，以及根际区微生物的降解作用，从而抑制藻类的生长、凝集悬浮物和代谢产物、降解水中的各种污染物质，并通过对有机污染物的矿化作用为植物提供生长所需的无机养料。②在废水排出区种植水稻 2 200 亩，水生花卉 700 亩，养观赏鱼 24 万尾，在大大降低水体中悬浮物和浮游动植物数量的同时，又为企业增加经济效益。③每隔 5～10 天施用一次微生物制剂，可有效降低水体中氨氮、亚硝酸盐、碱化物等有害物质的含量，所有排出的废水经排水管道排到生态池集中净化达标后对外排放，净化后的水透明度明显加大、溶氧量大幅提高，各种有害物质含量大为降低，养殖主要污染物的理化指标均达到排放标准，完全可以实现达标排放。

图 6-16 安徽金桥湾流水槽养殖净化区蔬菜种植示意图

四是通过配备增氧推水装置、特有池形设计和大面积生态净化措施，保证池塘循环流水状态，实现水体每天排废、注新和自净目标。打破传统养殖模式，以生态良好水质养健康鱼类，以绿色发展为要求建立生态健康高效养殖区。生态环保、健康安全、高产高效、管理简便，并可通过物联网和水质在线监测装置，实现养殖管理的信息化。

第七章 “流水槽+稻田”尾水处理技术模式

第一节　模式简介

“流水槽＋稻田”尾水处理技术模式即“流水槽＋稻田”综合种养模式。

一、模式概述

“流水槽＋稻田”综合种养又称为“稻田镶嵌流水槽生态循环综合种养”，是指“流水槽养鱼”和“稻渔共作”两种不同的生产方式在稻田空间上按照科学的比例配套，通过农业种植和水产养殖的结合，开展复合型综合种养，以尽可能小的资源消耗和环境成本，获得尽可能大的经济效益、社会效益和生态效益，使自然生态系统的物质循环过程相互和谐，促进资源长久利用，达到提高产量、增加效益、节能减排、生态环保的目标。

“流水槽＋稻田”综合种养主要包含两种不同类型的生产方式，“流水槽养鱼”是在稻田的养鱼环田沟集中或分散地建设若干条标准化工程流水槽，流水槽集中圈养鱼类；“稻渔共作”是在稻田中种植水稻，适时投放一定量的水产养殖动物（鲤、鲫、草鱼、泥鳅、虾等）进行不同类型的稻渔种养。

“流水槽＋稻田”综合种养主要分为“集中式”稻田流水槽综合种养模式和“分散式”稻田流水槽综合种养模式。“集中式”稻田流水槽综合种养模式是在稻渔综合种养基地的合适位置，将稻田环田沟拓宽挖深，集中建设若干条流水槽，流水槽呈并列集中设置（图 7-1、图 7-2），流水槽数量根据种养稻田面积确定。“分散式”稻田流水槽综合种养模式是在稻渔综合种养基地的每个种养单元的环田沟对角建设流水槽，流水槽呈对角设置（图 7-3、图 7-4）。

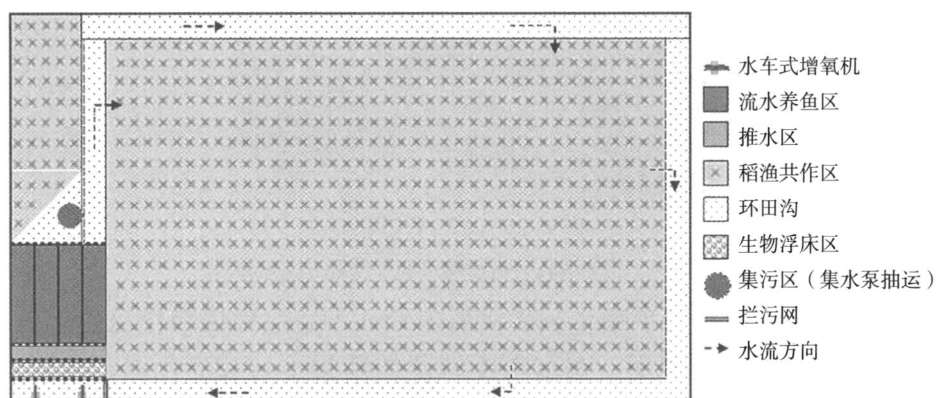

图 7-1 “集中式”稻田流水槽综合种养示意图

图 7-2 “集中式”稻田流水槽综合种养实景图

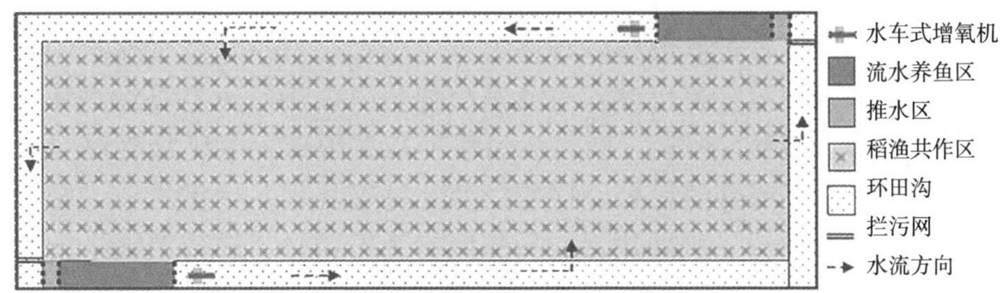

图 7-3 “分散式”稻田流水槽综合种养示意图

“流水槽＋稻田”尾水处理技术模式通过构建水产品-水稻多层营养级物质循环系统，流水槽尾水中的鱼类粪便、残饵及氨氮、亚硝酸盐

图 7-4 “分散式”稻田流水槽综合种养实景图

等物质进入稻田，为水稻生长提供营养物质，经过稻田净化后的水体循环进入流水槽再利用。在水稻不减产的前提下，减少化肥、农药、用水、用工，水稻分解利用种养水体中的氨氮、亚硝酸盐、总氮、总磷，提高综合种养效益，养殖尾水资源化重复利用、循环利用，零排放或达标外排，一水两用、一地两收，破解养鱼水体面源污染、尾水直接外排等问题，推动结构优化调整、产业转型升级和绿色高质量发展。

二、发展历程

我国悠久的传统农业和20世纪80年代以来的生态农业实践创造了丰富多彩的生态农业技术模式。在多样化的环境中开展的各种类型的种植与养殖结合的生产实践过程中，稻渔综合种养作为一种典型的种养结合的生态农业模式，自1982年有相关统计数据以来，先后经历了稳定发展、停滞不前、加速扩张三个时期，“十三五”以后进入快速成长期。在稻鱼综合种养的模式探索方面，各地结合本地气候条件、稻田资源、水土资源、稻作模式、养殖品种适应性等特点，逐渐形成了稻鱼、稻虾、稻蟹、稻鳖、稻鳅、稻鸭等几大模式。实施稻渔综合种养工程，可以实现以渔促稻、提质增效、生态环保、保渔增收。稻渔综合种养是一种“一水两用、一田多收、生态循环、高效节能”的农业可持续发展新模式。截至2020年，全国稻渔综合种养除北京市、甘肃省、青海省、西藏自治区未见报告外，全国有27个省（自治区、直辖市）进行了稻鱼综合种养统计（未包括港澳台地区），种养面积3 843.8万亩，生产各类水产品325.3万吨，占全国淡水养殖产量的

10.5%。宁夏回族自治区自2009年开展稻渔综合种养以来，已累计实施稻渔综合种养面积120多万亩。

“十三五”期间，《关于创新体制机制推进农业绿色发展的意见》中提出了“转变农业发展方式，优化空间布局，节约利用资源，保护产地环境，提升生态服务功能，全力构建人与自然和谐共生的农业发展新格局，推动形成绿色生产方式和生活方式，实现农业强、农民富、农村美”的农业发展目标。在生态环保、绿色发展的大背景下，我国稻渔综合种养进入新发展阶段，产业规模持续扩大，发展质量和效益同步提升，新技术新模式不断涌现，规模化和组织化程度不断提高，规范化和标准化生产水平得到提升，多功能拓展和新要素价值日益凸显，品牌化、产业化和区域化发展步伐加快。

宁夏针对长期以来种植业与养殖业的严重分离，使得种植业需要的肥料主要依赖通过大量能源投入而集中生产出来的化学肥料，而规模化养殖大量集中排放的粪便污物又不能被资源化利用而成为污染源，资源利用效率低下，处理废物成本增大，环保问题压力叠加。2018年，在全国水产技术推广总站的指导下，宁夏把养鱼流水槽与稻田综合种养相结合，在稻渔种养的稻田环沟中集中或分散地建设标准流水养鱼槽，流水槽高密度集约化养殖鲤、草鱼、鲫等鱼类，养鱼尾水直接进入稻田作为水稻的肥料，重复利用残余物质。水稻分解各种有机物，吸收氮、磷等营养元素，降解氨氮、亚硝酸盐等有害物质。稻田承担了净化水质的作用，净化后的水体再次进入流水槽进行循环利用，使流水槽和稻田形成一个良性的闭合循环体系。宁夏创建了“分散式”和“集中式”两种类型的稻田镶嵌流水槽生态循环综合种养模式（以下称“稻田镶嵌流水槽种养模式”），建立了国内第一个稻田镶嵌流水槽种养模式试验示范点，解决了流水槽高密度养殖尾水处理技术短板、稻渔综合种养效益提升与绿色高质量发展新要求的瓶颈问题，实现了零排放、零化肥、减药、绿色、生态、增收的综合效益。

经过多年的示范推广，稻田镶嵌流水槽种养模式，鱼类粪肥替代化肥，减少了化肥的使用；水生动物灭虫除草，生物防害替代化学防害，减少了农药的使用；水稻净化流水槽养鱼的肥水，解决了养殖水体富营养化、尾水不达标外排污染环境等问题，减少了面源污染，改善了生态环境，发挥了“生态安全”“质量安全”的优势，可生产出更多高质量的水稻和水产品，保障了农民的“钱夹子”，提高了其种粮积极性，获得了更多的生态效益和社会效益，实现了稳粮、增效、提质的三赢目标。该模式在我国稻田种植区及发展稻田综合种养的地区均可推广，稻田可以单种水稻或进行稻田综合种养，水稻品种以本地主推品种为主，稻田综合种养中的水产放养品种以小中型的杂食性鱼类、虾蟹、甲鱼等为主，流水槽中的养殖品种主要有鲤、草鱼、鲫、鲈、斑点叉尾鮰、团头鲂、罗非鱼、黄颡鱼等。

实践证明，稻田镶嵌流水槽种养模式走出了一条产出高效、产品安全、资源节约、环境友好之路，在稳定水稻生产、保障粮食安全、拓展渔业发展空间、集约化利用资源、减少面源污染、促进农业增效农民增收、实施乡村振兴战略中发挥了重要作用，具有可操作、可复制、推广性强的特点，是推动水产业健康可持续、高质量发展的生态循环种养新模式，值得大力推广。

三、创新形成复合型新模式

在政府大力推动、政策及时驱动和业界共同努力下，依托科研示范和成果推广应用，各地因地制宜，积极探索引进经济价值高且适宜本地区的养殖品种，结合原有稻作模式和水产养殖方式，创新发展形成了形式多样、内涵丰富的复合型稻渔种养技术模式。按照种养品种，可划分为稻虾、稻鱼、稻蟹、稻鳅、稻鳖、稻蛙、稻螺等种养模式。在单一品种种养模式的基础上，因资源利用率更高等原因，多品种混养模式逐渐受到经营主体的广泛关注和青睐。按田间工程，可划分为沟坑型、微沟型、平田型等种养模式。其中，为保护稻田生产能力和促进水稻生产，各地发展了各具特色的不挖沟或少挖沟模式，如安徽省霍邱县原生态稻虾种养模式、浙江省青田县丘陵山区稻鱼共作模式、江西省无环沟稻虾种养模式等。按地形地貌，可划分为平原型、山区型、丘陵梯田型等种养模式，如分布最广泛的稻鲤种养，适宜于各类地形地貌。按水产养殖与水稻种植的结合方式，通过对稻田资源的不同利用，可划分为空间结合型的共作种养、时间连接型的轮作种养，以及“共作＋连作”一体种养模式。通过稻渔种养和其他水产养殖方式结合，又形成了生产效率更高的各类复合型模式，如东北地区湖（塘）田接力种养模式、宁夏“设施渔业＋稻渔共作"综合种养模式等。

"设施渔业＋稻渔共作"是以"流水槽＋稻田"综合种养为主的一类复合型综合种养尾水治理技术模式。从2018年开始，在全国水产技术推广总站的指导下，宁夏联合浙江大学、上海海洋大学、宁夏水产研究所等单位的专家成立技术团队，围绕原有稻渔种养和水产设施养殖方式，开展复合型综合种养尾水治理技术模式的科技攻关和创新，组织和引导养殖大户、渔业科技企业、合作社、家庭农场等，在水稻主产区，把池塘工程化流水槽循环水养殖、陆基玻璃缸循环水养殖、陆基高位砼制池循环水养殖等水产养殖方式与稻渔共作深度融合，拓展出了养殖尾水灌溉水稻、一水两用、生态循环的复合型农业生产新方式，创新形成了稻田镶嵌流水槽生态循环综合种养、陆基玻璃缸配套稻渔生态循环综合种养（图7-5）、陆基高位砼制养鱼池结合稻渔生态循环综合种养（图7-6）和池塘流水槽配套稻渔生态循环综合种养四种生产效益更高的综合种养技术模式，促进了水体循环使用、节能减排、能量多级利用及现代农业绿色高质量发展。

图7-5 陆基玻璃缸配套稻渔综合种养

图7-6 陆基高位砼制养鱼池结合稻渔综合种养

第二节　技术原理

“流水槽＋稻田”尾水处理技术模式是将流水槽与稻田按照一定比例进行配套，流水槽镶嵌在稻田环田沟中，多个标准化工程流水槽形成一个流水槽养殖系统。流水槽高密度养鱼，稻田种植水稻、放养鱼（蟹、虾）等品种。鱼类等水产（水禽）养殖品种的粪便、残饵作为有机肥供水稻生长，稻田中的鱼（蟹、虾）等水产动物、水禽（鸭）为稻田松土、除草、消灭害虫，水稻为稻田中的水产动物、水禽提供大量的天然饲料及躲避敌害的隐蔽场所。流水槽排出的养殖尾水经推水设施进入稻田，水稻降解养殖尾水中的氨氮、亚硝酸盐等物质，吸收水体中的氮、磷等营养元素；养殖尾水经过分解、降解、净化后，再通过增氧推水设备进入流水槽循环利用，形成一个完全闭合的综合种养、生态治理、循环利用系统。“流水槽＋稻田”尾水处理技术模式的工艺流程和技术路线如图 7-7 所示，综合种养尾水处理实景俯瞰效果如图 7-8。

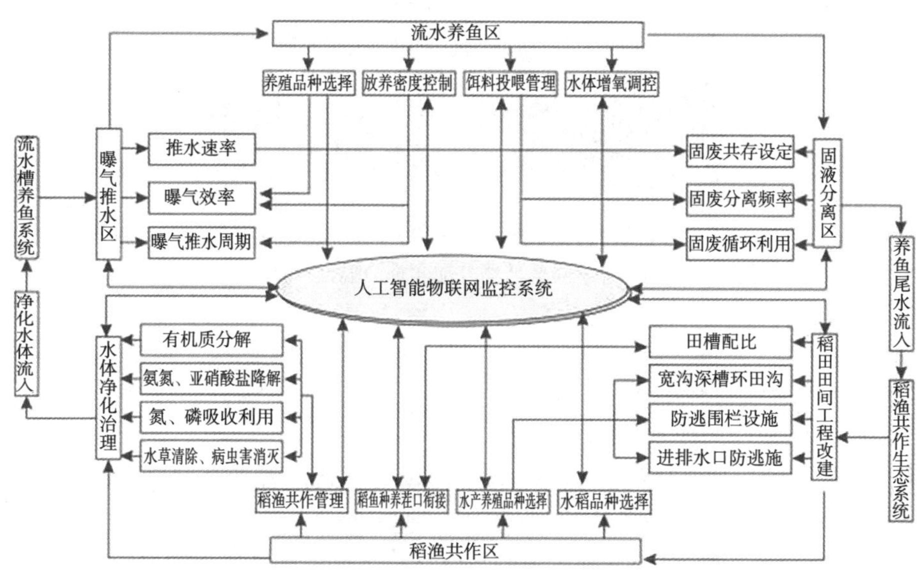

图 7-7　“流水槽＋稻田”尾水处理技术路线

图 7-8 “流水槽＋稻田”尾水处理实景俯瞰效果

第三节 技术要点

一、流水槽养鱼设施建设及生产管理

（一）养鱼流水槽与稻田的配比

流水槽与稻田的配套比例一般为 1∶（10～20），即一条标准化工程流水槽配合 10～20 亩稻田，或者说，每 10～20 亩稻田配套一条标准化工程流水槽，稻田面积与流水槽养鱼产量成正比。

（二）流水槽系统建设

在稻田环田沟的一角或对角处建设养鱼流水槽系统。养鱼流水槽系统分为前部推水区、中部养鱼区和后部集排污区三部分。前部推水区设置罗茨鼓风机与纳米微孔管相结合的充气增氧设备，中部养鱼区长 22.0 米、宽 5.0 米、深 2.2 米，有效水深 2.0 米，有效水体容积 220.0 米^3，后部集排污区设置抽排污设备。流水槽系统的底部用钢筋混凝土浇筑，墙体采用钢筋混凝土浇筑，或者用不锈钢和塑型材料组装，厚度 20 厘米。流水槽两端用金属网片、聚乙烯网片等材料隔离，中间的底部并排安装多根 10～15 米的微孔增氧管（图 7-9、图 7-10）。养鱼流水槽系统配套推水设备、投料设备、增氧设备、吸污设备，以及水产养殖物联网智能监控设备、水质智能监控设备等，配备自启式发电机、停电报警系统及管理用房等。

（三）流水槽养鱼生产管理

流水槽水位保持在 2.0 米，水体透明度 30 厘米左右。养殖品种以名优品种为主，北方地区主要放养耐盐碱的黄河鲤、草鱼（图 7-11）、鲫、镜鲤、团头鲂、丁鲹（图 7-12）、鮰、鲈等品种。每条流水槽净产量控制在10吨左右。

图7-9 养鱼流水槽系统局部

图7-10 养鱼流水槽系统全景

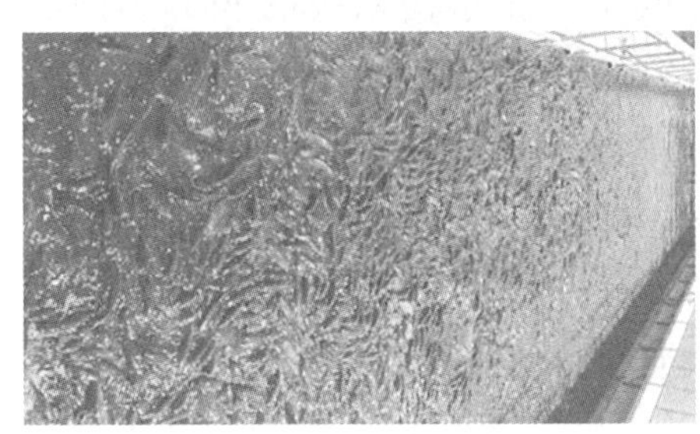

图7-11 流水槽养殖草鱼

图7-12 流水槽养殖鲈

流水槽内的吃食性鱼类全程投喂配合饲料，推荐投喂浮性商品配合配料，每天定时机械投喂2～3次，日投饵率控制在3%～5%。充气增氧设备24小时不间断开启，水体溶氧量保持在5毫克/升以上。每天利用吸污设备对集污区自动吸污。定时检测水体的水温、溶解氧、pH、氨氮和亚硝酸盐等，发现问题及时处理。根据养殖规格及市场价格，适时进行上市销售。

二、稻渔共作工程建设及种养管理

（一）工程建设

发展稻渔共作的稻田，要选择在常年水稻种植区，用水符合《渔业水质标准》（GB 11607—1989）的要求，将稻田划分为若干个20～30亩的种养单元，每个种养单元内高低差小于3厘米，四周开挖上口长5～8米、下口长1.5～2.0米、深1.5米以上的"宽沟深槽"环田沟（图7-13），环田沟面积控制在稻田总面积的5%左右，最大占比不得超过稻田总面积的10%。稻田的进水口、排水口采用聚塑管对角设置，内侧用双层细眼网包裹，稻田养蟹的防逃围栏（图7-14）选择塑料薄膜，稻田养鸭的防逃围栏选择细眼网片，稻田养鱼不做防逃围栏。

图7-13 稻田"宽沟深槽"环田沟

图7-14 稻田"宽沟深槽"及防逃围栏

（二）水稻种植管理

水稻品种选择抗倒伏、抗病害、中晚熟、大穗型、适应本地种植的优良品种（图7-15）。稻田育秧前早平地、早深耕、早泡田和科学施肥，每亩插秧穴数控制在1.5万～1.6万穴。稻田水位保持在10～15厘米。及时施用分蘖肥和穗肥等追肥，施肥量分别占全年用肥总量的10%。水稻病虫害以预防为主，尽量不用或少用农药。水稻全穗失去绿色、颖壳95%变黄、米粒转白、手压不变形时适时收割（图7-16）。创建有机大米品牌，注册商标，进行线上线下营销。

图 7-15　宁粳系列水稻品种

图 7-16　宁粳系列优质稻谷

（三）稻渔共作中水产养殖品种管理

我国稻渔共作的主要模式有稻虾、稻鱼、稻蟹、稻鳅、稻鳖、稻蛙、稻螺等，本书以稻田商品蟹养殖管理为主进行技术要点阐述。稻田商品蟹养殖管理主要分为稻田环境要求、蟹种适时入田、稻田水体控制、河蟹饲养管理、河蟹收获销售等主要环节。

稻田环境要求。稻田放蟹种前 20 天内不施农药，投放蟹种前将稻田内青蛙、鼠、蛇等清除干净。在环田沟中尽量培植适量的水草（苦草、轮叶黑藻等沉水性植物），以利于扣蟹的栖息、隐蔽和蜕壳。

蟹种适时入田。每一个养殖单元的水稻插秧 2 天后，及时放养蟹种，做到随插随放，一次性放足蟹种（图 7-17）。每亩投放规格为 50～100 只/千克的蟹种 500～550 只（图 7-18）。蟹种放养前，用高锰酸钾溶液浸浴或用 3%～5%食盐水浸浴消毒。

稻田水体控制。稻田水位应保持在 10～15 厘米，水稻孕穗期可适当加深水位（图 7-18）。水体溶解氧应保持在 5 毫克/升以上，氨氮含

图 7-17　稻田适时投放蟹种

图 7-18　稻田养殖商品蟹

量小于1毫克/升。环田沟定期泼洒光合细菌、氯制剂等。7、8月高温季节，经常测定水体的pH、溶解氧、氨氮等水质指标，保证经常换水，经常加水，及时调节水质。

河蟹饲养管理。蟹种入田后至7月中旬前，全价配合饲料占60%，豆粕、玉米等植物性饲料占40%，多投喂动物性饲料，促其快速生长。7月至8月中旬，配合饲料和植物性饲料各占50%。8月下旬至上市前，配合饲料占80%，植物性饲料占20%，增加动物性饲料。每天观察水质变化情况、河蟹摄食情况、有无死蟹、田埂有无漏洞、防逃设施有无破损等，发现问题及时处理。在养殖过程中，定期抽样进行生长测定，记好生产日志。

河蟹收获销售。9月中旬河蟹性成熟后，在傍晚待其大量爬上岸时徒手捕捉，也可以采用地笼捕捞、灯光诱捕等方法。将附肢完整、无病无伤的商品蟹进行集中暂养育肥，商品蟹按规格、性别分类包装，创建品牌，注册商标，分级陆续上市销售。

三、尾水处理

研究结果表明，鱼饲料的粗蛋白质含量为25%～32%，鱼类仅吸收利用了20%～25%的氮和25%～40%的磷，75%～80%的氮和60%～75%的磷以各种形式排入养殖水体中。养殖尾水污染物类型主要有悬浮物、有机污染物、无机盐及氮磷等元素，养殖尾水污染物主要来源有残饵、粪便及生物代谢产物等。鱼类排泄物中含有丰富的营养物质，如草鱼粪便中含粗蛋白质10.0%～13.0%，粗脂肪0.9%～1.6%，粗纤维24.0%～26.0%，钙4.1%～5.7%，磷2.5%～3.4%，还含有铁、铜、锌、钾、铬等微量元素和20余种氨基酸。池塘鱼类密度达到1 000千克/亩时，鱼类摄食后每日排放到水环境中的氮为1 008克，水体中氮日增加量不低于1毫克/升。

单株水稻的不定根有200条左右，90%以上的根系在土壤表层20厘米范围内，对水体中的营养物质具有固定、吸收、促进、降解、挥发等作用。稻田灌溉水经过10厘米厚的土层就能达到一定的净化效果，经过30厘米厚的土层就能达到最大净化效果。水体在稻田中的流径长度超过90米，水稻从拔节期到黄熟期的整个生长过程中，水体表面流对总氮、总磷、氨氮和亚硝酸盐氮的去除率分别达到27.14%～

62.47%、24.20% ~ 47.48%、38.15% ~ 61.11% 和 45.31% ~ 58.80%，去除效果从高到低依次为抽穗期>孕穗期>拔节期>扬花期>黄熟期，溶解氧提高 20%以上。相对于渗流，表面流更适合净化养殖尾水。

应用“流水槽+稻田”尾水处理技术模式，流水槽养鱼系统中流出的尾水经稻田分散后流速降低，鱼类粪便和残饵等固体废弃物自然沉淀在稻田中。稻田内的水生动物可以利用小颗粒固体悬浮物，水稻、水草和浮游植物的根系表面形成生物膜，能够“吞噬”和代谢尾水中的无机物，吸收土壤和水中的悬浮物，分解利用水体中的有机物和营养盐，消纳水体中的总氮、总磷，控制氨氮和亚硝酸盐的含量，大幅度减少水体中的富营养化物质。稻田中常见的光合细菌、硝化细菌等微生物菌剂，能够构建生物絮凝结构形成生物絮团，发挥氨化、亚硝化、硝化、硫化、固氮等作用，参与养殖尾水中有机物及氮、磷的降解，消除水体中的氨、铵盐、硝酸盐、硫化氢等有害物质，降低化学需氧量和生化需氧量，间接增加水体中的溶解氧，改善水体质量。养殖尾水经过稻田的净化和再循环，一水两用，土地资源、水资源得到了充分利用。

第四节　处理效果

一、经济效益

宁夏 2018—2020 年试验数据统计分析结果表明：稻田中的一个标准化养鱼流水槽，每立方米水体鱼产量可达 50～75 千克，若按照每 10 亩稻田配套一条标准流水槽计算，每亩稻田生产水产品 1 000～1 500 千克；若按照每 20 亩稻田配套一条标准流水槽计算，每亩稻田生产水产品 500～750 千克。稻渔共作的稻田中，平均每亩生产水稻 550 千克以上，实现水稻不减产，每亩生产鱼类 100～150 千克（或蟹种 50 千克、商品蟹 25 千克、泥鳅 150 千克、鸭 20 只）。开展“流水槽+稻田”综合种养，每亩稻田平均综合产值达 15 810 元，平均综合利润达 4 069 元，稻田亩产实现“千斤稻、千斤鱼、万元钱”。

二、生态效益

2018年试验结果表明，宁夏推广的“集中式”和“分散式”两种“流水槽＋稻田”生态循环综合种养尾水处理技术模式，在7月监测时，流水槽养殖尾水的总氮含量分别为2.62毫克/升、3.17毫克/升，经过稻田净化后，水体的总氮分别降至1.89毫克/升、1.91毫克/升，分别降解了28%和40%，达到《淡水池塘养殖尾水排放要求》（SC/T 9101—2007)中的一级标准(≤3.0毫克/升)；总磷分别由0.96毫克/升、1.42毫克/升降低至0.62毫克/升、0.72毫克/升，分别降低35%和49%，接近SC/T 9101—2007中的一级标准（≤0.5毫克/升)，远低于SC/T 9101—2007中的二级标准（≤1.0毫克/升）（图7-19)；同时，氨氮分别降低了72%和70%，亚硝酸盐分别降低了70%和69%（图7-20)。两种模式对氮、磷的降低效果均非常显著，尤其对氨氮和亚硝酸盐的去除率达到70%左右，因此是净化养殖水体、治理养殖水体富营养化的有效手段。

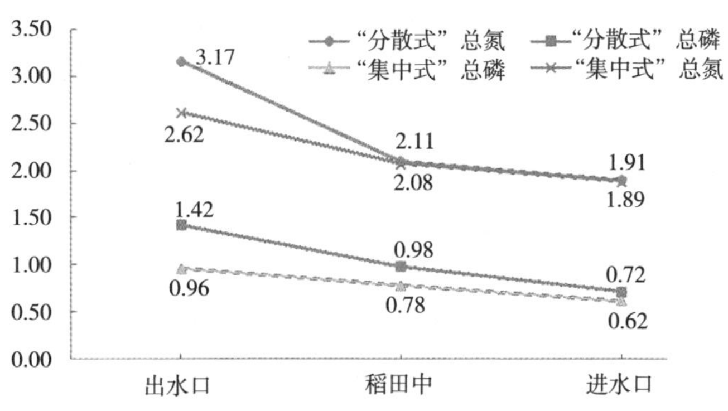

图7-19 两种模式总氮、总磷变化情况（毫克/升）

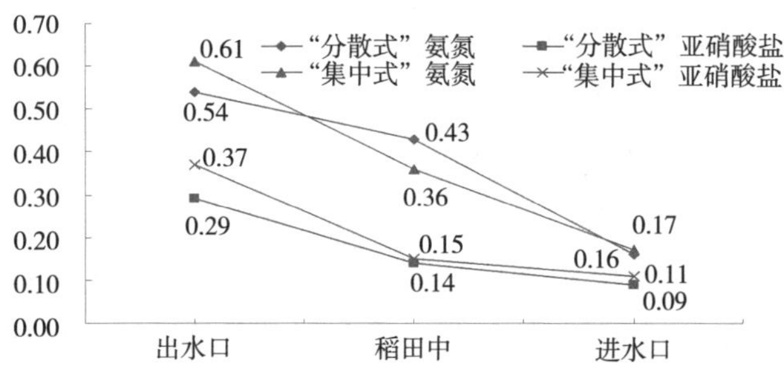

图7-20 两种模式氨氮、亚硝酸盐变化（毫克/升）

2020年试验结果表明，宁夏应用的“设施养鱼＋稻渔共作”综合种养尾水处理技术模式，与单种水稻相比，能够做到“四减少、四降低、四提高”：化肥减少65.4%，农药减少48.6%，人工减少50.0%，用水减少25.0%；流水槽养殖尾水通过水稻净化后，水体氨氮降低72%，亚硝酸盐降低70%，总磷降低49%，总氮降低40%；水资源利用率提高1倍，土地资源利用率提高1倍，亩产值提高10倍，亩利润提高14倍。特别是在整个种养生产管理过程中的尾水处理方面，均能稳定达到SC/T 9101—2007中的排放标准，保障种养水质达标。该技术模式搭配合理，效果良好，有力地促进了农业增效、农民增收，降低了面源污染，推动了产业绿色高质量发展。

三、社会效益

宁夏地处黄河中上游，黄河流经宁夏的长度达397千米，有100多万亩的稻田和200万亩的盐碱荒地，土壤盐碱化比较严重，开展稻渔综合种养是盐碱地治理的重要手段。多年来，宁夏从抬田降水、开沟养鱼到配套发展稻鱼、稻蟹、稻鸭等稻渔综合种养，再到创新形成了“设施养鱼＋稻渔共作”复合型综合种养尾水治理技术模式，增加了蛋白质供应的多样性，解决了盐碱地荒芜、产量低、收入少的难题，不仅给农民带来了好收成，也给山水林田湖草融合发展提供了新思路。

宁夏位于我国地理划分线——胡焕庸线的西北，是黄河流域生态保护和高质量发展先行区。2020年6月9日，习近平总书记到银川市贺兰县稻渔空间乡村生态观光园，视察了稻渔综合种养融合发展的创新做法。他在考察时强调，要牢固树立绿水青山就是金山银山的理念。2020年，宁夏水产技术推广站联合中国水产科学研究院珠江水产研究所、湖南大学工商管理学院，历时一年，以宁夏稻渔综合种养系统为案例，开展可持续农业田野调查研究，完成研究并撰写了《突破胡焕庸线的稻渔综合种养可持续农业模式生态服务价值分析》研究论文。研究结果表明，宁夏稻渔综合种养系统的直接经济收入为5 017元（亩·年），生态服务价值为17 776元/（亩·年），是直接经济收入的3.54倍，比单种水稻提升了35.7%，是全球作物平均生态服务价值的4.8倍，仅略低于全球湿地平均值（谢骏和刘端，2012）。研究结果表明，宁夏发展稻渔综合种养的农户为生态服务价值的创造做出了巨大贡献，稻渔综合种养是一种生态服务价值极高的可持续农业系统。这些研究发现确立了稻渔综合种养系统在干旱、半干旱地区的独特价值，为稻渔综合种养及其尾水治理技术模式的推广提供了理论支撑。

第五节　应用范围

2009 年以来，宁夏将稻渔综合种养作为渔业重大工程之一，制定稻渔综合种养发展政策，安排农业产业化项目、财政支农项目、重大技术推广项目等专项资金，整合盐碱地治理、农业综合开发等资金，将稻渔综合种养与优质粮工程、粮食创高产示范、水稻机械化作业等技术推广结合起来，采取“企业＋合作社＋农户”等发展机制，按照品种优质化、生产标准化、操作规范化、管理集约化、经营品牌化的产业化方式，支持发展稻渔综合种养。经过 10 多年的示范推广，已建成国家级稻渔综合种养示范基地 10 个，打造一二三产业融合发展的“稻渔空间”田园综合体 1 个。每年有国家级稻渔综合种养示范基地、农业农村部健康养殖示范场、专业合作组织、家庭农（渔）场、农业龙头企业、大米加工企业等参与稻渔综合种养，共认定有机产品生产基地 5 个，创建“蟹田米”“稻田蟹”“稻田鱼”“稻田鸭”等稻渔综合种养特色品牌 20 多个。稻渔综合种养从初期的“稻田养蟹”发展到现在的稻蟹、稻鱼、稻鸭、稻虾、稻鳖、稻鳅等多种方式，稻田养鱼环田沟由“窄沟浅槽”向“宽沟深槽”推进，生态种养尾水处理模式由“宽沟深槽”稻渔综合种养向“流水槽＋稻田”“玻璃缸＋稻田”“高位池＋稻田”“池塘＋稻田”等拓展延伸，引领传统农业向绿色、生态、循环、高效的现代农业发展，为实施乡村振兴战略提供了有效的途径。

自 2018 年以来，宁夏引黄灌区的 9 个县（市、区）水稻主产区应用推广以“流水槽＋稻田”为主的“设施养鱼＋稻渔共作”综合种养尾水处理技术模式，已累计示范推广 1 万多亩，在生产季节（5—10 月），水稻品种以宁粳系列品种为主，稻田中养殖品种主要有河蟹、鱼类、虾类、鸭等，流水槽等设施中养殖品种主要有鲤、草鱼、鲫、鲈、鮰等品种。2019 年，宁夏水产技术推广站组织申报的“宁夏稻渔生态综合种养新技术新模式示范推广”成果，获得中国水产学会范蠡科学技术奖（推广奖）二等奖；同年，推广的稻田镶嵌流水槽生态循环综合种养技术模式，被全国水产技术推广总站推荐为全国养殖尾水治理四大典型模式之一，制作专题片进行全国推广。2021 年，稻田镶嵌流水槽生态循环综合种养技术模式获得中国水产学会全国渔业新技术优秀科技成果奖。

此技术模式在北方地区推广时，要优化冬季管护措施，防止鱼体冻伤和设备受损。有鱼越冬的流水槽，初冬时节，开启部分推水设备形成微流水。在水温下降到 4℃以下前，将鱼及时捕捞上市或提起拦鱼栅放入外塘，防止鱼体冻伤造成损失。无鱼越冬的流水槽，冬季最好排干水，带水过冬的流水槽要将拦鱼栅、增氧盘等提出水体，并定时进行推水，防止冰面全部封冻使流水槽墙体和设备受损。

以“流水槽＋稻田”为代表的“设施养鱼＋稻渔共作”尾水处理技术模式，鱼类粪肥替代化肥，减少了化肥的使用；水生动物灭虫除草，生物防害替代化学防害，减少了农药的使用；水稻净化流水槽养鱼的肥水，解决了养殖水体富营养化、尾水直接外排等问题，减少了面源污染，改善了生态环境，发挥生态安全、质量安全的优势，可生产出更多高质量的水稻和水产品，保障了农民的“钱夹子”，提高了其种粮积极性，获得了更多的生态效益和社会效益，实现了政府要粮、农民要钱、消费者要质的三赢目标。

实践证明，此技术模式的可操作、可复制、可推广性强，是推动水产业绿色健康发展的生态循环种养新模式，可在全国水稻主产区进行推广应用。

第六节　典型案例

尾水处理—宁夏案例

一、基本情况

（一）“集中式”稻田流水槽养殖

2019 年，宁夏广银米业有限公司在贺兰县国家级稻渔综合种养基地中实施“流水槽＋稻田”尾水处理技术模式试验项目，重点开展“集中式”稻田镶嵌流水槽生态循环综合种养尾水处理技术模式的试验示范（图 7-21），田块用激光平地仪进行平整，每 100 米形成一条田埂，将 2～3 亩的小田块平整为 30 亩左右的大块地，减少田埂，增加稻田有效面积，把原来农田的"二路夹一沟"改造为稻渔的"二沟夹一路"（图 7-22），减少了养鱼环田沟相对稻田的占比。在单元埂边开挖上口宽 6 米、底宽 1 米、沟深 1.5 米的"宽沟深槽"环田沟，环田沟占稻田面积的 4.7%。水稻种植区四周建设小型辅埂。稻田种养单元四周用塑料薄膜制作防逃围栏，进排水口用细眼网片作为防逃网。

图 7-21 "集中式"稻田流水槽养殖区

图 7-22 稻田"二沟夹一路"实景图

（二）"分散式"稻田流水槽养殖

2019 年，灵武市金河渔业专业合作社承担宁夏农业农村厅下达的"流水槽＋稻田"尾水处理技术模式试验项目，在宁夏水产技术推广站的指导下，重点开展"分散式"稻田流水槽综合种养尾水治理项目的试验研究，试验稻田面积 41 亩，分为 2 个围栏单元，一个单元面积 20 亩，另一个单元 21 亩。每个单元沿田埂内侧四周挖上口宽 6 米、下口宽 2 米、有效水深保持 1.5 米以上的环田沟，在环田沟对角各建设 1 条流水槽（图 7-23、图 7-24），每个种养单元 2 条流水槽，共计 4 条流水槽。

图 7-23 "分散式"稻田流水槽养殖区

图 7-24 "分散式"稻田流水槽养殖草鱼

二、技术应用

（一）“集中式”稻田流水槽养殖

在稻田一角建设“集中式”养鱼流水槽，4 条流水槽并列形成一个流水槽养殖系统。每个流水槽长 22 米、宽 5 米、高 2.2 米，框架为钢构组装材料，流水槽进排水端用金属网片、聚乙烯网片等材料隔离。每个流水槽前端配备一个 2.2 千瓦的增氧推水机，中间的底部并排安装多根微孔增氧管，后端配备一个 1.5 千瓦的底部吸污泵。流水槽养殖系统安装物联网智能监控系统，将推水机、增氧系统、自启式发电机和停电报警系统连接。

稻田中进行稻蟹、鱼共作。5 月 1 日向稻田环田沟中投放河蟹、鲫等。水稻采用有机水稻生产方式，5 月 10 日进行机械插秧。每天在稻田环田沟中投喂膨化商品饲料，日投饲率 1%～3%。

流水槽中进行鱼类养殖。6 月 15 日向流水槽中分别投放草鱼、鲤、鲫等。全程投喂浮性膨化饲料，每天投喂 3～4 次，日投饲率2%～8%。

稻田、流水槽中河蟹和鱼种具体放养情况见表 7-1。

表 7-1　“流水槽＋稻田”综合种养放养情况

项目	稻田		流水槽			
			1 号槽	2 号槽	3 号槽	4 号槽
放养品种	河蟹	鲫	草鱼	草鱼	鲫	鲤
初始均重	7.1 克/只	92 克 /尾	390 克 /尾	405 克 /尾	95 克/尾	610 克/尾
放养总量	111 千克	928 千克	4000 千克	4 000 千克	4 000 千克	3 000 千克

8 月初，对流水槽中的商品鱼进行捕大留小，分批上市销售，于 9 月底全部售罄。9 月 27 日，用收割机收割水稻，9 月中旬，河蟹陆续捕捞销售，9 月底，鲫捕捞上市销售。经现场测产，有机水稻平均亩产量 480 千克，稻田河蟹平均亩产量 25 千克，稻田鲫平均亩产量 40 千克；每条流水槽平均产量 10 550 千克。综合分析，平均每亩稻田（流水槽＋水稻）总产值 15 479 元，平均亩利润 4 345 元。

（二）“分散式”稻田流水槽养殖

每个种养单元内的田块用激光平地仪进行平整，稻田田埂加宽加高，用塑料薄膜作为防逃围栏，进水口、排水口用网片包裹。环田沟对角建设1条流水槽，流水槽长22米、宽5米、高2米，两侧石块墙体厚度37厘米，上部用4根支撑梁加固，在前部厚度24厘米的墙体上装配气提式增氧推水设备，底部采用石子铺设，底部中间安装增氧曝气管，后部安装拦鱼栅。在流水槽后端15米处挖一个集污坑，安装水车式增氧机一台。

稻田中进行稻蟹共作。稻田播种前，亩施有机底肥150千克、发酵腐熟牛粪300千克。4月25日适时播种，亩播量20千克，播后镇压，保墒出苗。出苗期保持浅水层，幼苗期2.5～3.0叶龄期实施间歇灌溉，4.0～4.5叶龄期水深5～6厘米，6月下旬到7月初控制灌水，7月中旬到8月初保持水深15～20厘米，齐穗后控制灌水，做到干湿结合，促进稻穗灌浆。5月15日亩放扣蟹480只，每天投喂河蟹全价配合饲料1次，蜕壳高峰期前进行换水、消毒，避免用药、施肥，减少投喂量，保持环境安静。

流水槽中养殖草鱼。5月20日，流水槽中投放草鱼鱼种6 000～8 500尾，鱼种放养时用3%的食盐水浸洗消毒。

两个种养单元河蟹和草鱼放养情况具体见表7-2。

表7-2 两个种养单元河蟹和草鱼放养情况

项目	种养单元1（20亩）			种养单元2（21亩）		
	稻田1	1号槽	2号槽	稻田2	3号槽	4号槽
放养品种	河蟹	草鱼	草鱼	河蟹	草鱼	草鱼
初始均重	8.3克/只	490克/尾	470克/尾	8.3克/只	515克/尾	430克/尾
放养总量	79.7千克	4 000千克	3 250千克	83.7千克	4 250千克	3 000千克

流水槽草鱼养殖全程投喂膨化浮性饲料，每天投喂2～4次，日投饲率2%～8%。每3～5天加注1次新水，每7～10天检测水体的溶解氧、pH、氨氮、亚硝酸盐等理化指标。7月1日和8月1日投喂中药护肝药饵，每次连续投喂5天。在整个养殖周期没有发生病害。每天坚持早晚巡田观察，根据天气、草鱼摄食、活动、鱼体抽样等情况调整饲料的投喂量，进行水质调控及病虫害防治。

8月中旬流水槽中的商品鱼分批上市销售，9月5日捕捞河蟹暂养育肥，9月25日收获水稻。统计结果表明，水稻平均亩产量556千克，河蟹平均亩产量18.6千克，每条流水槽平均鱼产量10 322千克。发展综合种养，稻田平均亩利润达到 3 792 元。

三、综合效果

（一）"集中式"稻田流水槽养殖尾水治理

2019 年项目实施期间，宁夏水产技术推广站在试验基地进行尾水治理效果监测，分别在流水槽的进水区、2 号流水槽内部中间、出水区和稻田中部设置 4 个水质监测点，每 7 天在水质监测点取水样一次，现场用仪器对气温、水温、溶解氧、氨氮、亚硝酸盐氮、pH 6 个参数进行检测。其中，7 月 10 日、8 月 8 日、9 月 6 日的监测数据见表 7-3。

表 7-3 "集中式"稻田流水槽水质监测数据统计表（2019 年）

日期	监测点	气温（℃）	水温（℃）	溶解氧（毫克/升）	氨氮（毫克/升）	亚硝酸盐（毫克/升）	pH
7 月 10 日	进水区	30	26	8.0	0.27	0.33	8.5
	槽内		26	4.0	0.34	0.81	7.8
	出水区		26	8.0	0.58	0.67	8.2
	稻田中部		28	9.0	0.44	2.26	8.6
8 月 8 日	进水区	29	24	6.0	0.20	0.35	8.5
	槽内		24	6.0	0.11	0.83	8.3
	出水区		24	7.0	0.08	0.20	8.3
	稻田中部		24	4.0	—	0.28	8.2
9 月 6 日	进水区	20	18	10.0	0.21	0.21	8.4
	槽内		18	10.0	0.23	0.22	8.4
	出水区		18	10.0	0.13	0.37	8.4
	稻田中部		18	3.0	—	—	8.4

注：表中"—"表示尾水中的氨氮、亚硝酸盐含量分别小于检出限 0.01 毫克/升。

2020 年，宁夏水产技术推广站在该基地继续实施"流水槽＋稻田"尾水处理技术模式项目，试验期间，在"集中式"流水槽区域设置流水槽尾部排水区、2 号流水槽内部和流水槽前部进水区 3 个监测点，定期对尾水治理效果进行监测，主要监测水温、pH、氨氮、亚硝酸盐、总磷、总氮 6 个参数。其中，7 月 15 日和 8 月 28 日的监测参数见表 7-4。

表 7-4 “集中式”流水槽尾水治理技术模式监测参数统计表（2020 年）

时间	监测点	水温（℃）	pH	氨氮（毫克/升）	亚硝酸盐（毫克/升）	总磷（毫克/升）	总氮（毫克/升）
7月15日	排水区	26.8	8.7	0.54	0.26	0.56	1.76
	2号流水槽	26.7	8.6	0.54	0.26	0.55	1.76
	进水区	26.7	8.9	0.14	0.05	0.39	1.23
8月28日	排水区	26.5	7.8	0.50	0.86	0.33	3.37
	2号流水槽	26.4	7.9	0.46	1.03	0.28	3.92
	进水区	25.3	8.2	0.45	/	0.26	2.50

注：表中“/”表示尾水中的亚硝酸盐含量小于检出限 0.01 毫克/升。

参照 SC/T 9101—2007 中总磷（标准值：一级≤0.5 毫克/升，二级≤1.0 毫克/升）和总氮（标准值：一级≤3.0 毫克/升，二级≤5.0 毫克/升）的排放标准，养殖尾水在治理前后的数值都符合排放要求，保障了种养水质达标，氨氮、亚硝酸盐、总磷、总氮 4 个主要指标的处理效果明显。

（二）“分散式”稻田流水槽养殖尾水治理

2019 年，在“分散式”稻田流水槽的 1 号流水槽区域，设置流水槽前部进水区、1 号流水槽内部、流水槽尾部出水区、稻田中部 4 个监测点，主要监测气温、水温、溶解氧、氨氮、亚硝酸盐、总磷、总氮、pH 8 个参数。其中，7 月 23 日监测的 8 个参数的数值见表 7-5。

表 7-5 “分散式”稻田流水槽尾水治理技术模式监测参数统计表（2019 年）

监测参数	进水区	1号槽内	出水区	稻田中部
气温（℃）	29.0	29.0	29.0	29.0
水温（℃）	21.4	24.5	24.0	24.0
溶解氧（毫克/升）	4.1	4.8	4.5	7.8
氨氮（毫克/升）	0.10	0.20	0.30	0.10
亚硝酸盐（毫克/升）	0.01	0.05	0.10	0.01
总磷（毫克/升）	0.07	0.17	0.02	0.08
总氮（毫克/升）	1.5	7.8	0.4	1.7
pH	8.1	8.0	8.8	8.0

水质理化指标检测结果显示，进水区较槽内水温降低 12.6%，溶解氧降低 14.6%，氨氮降低 50.0%，亚硝酸盐降低 80.0%，总磷

降低58.9%，总氮降低80.8%，pH升高1.3%；出水区较槽内水温降低2.0%，溶解氧降低6.3%，氨氮升高50.0%，亚硝酸盐升高100.0%，总磷降低88.2%，总氮降低94.9%，pH升高10.0%；稻田中部较槽内水温降低2.0%，溶解氧升高62.5%，氨氮降低50.0%，亚硝酸盐降低80.0%，总磷降低52.9%，总氮降低78.2%，pH持平。

同时，宁夏水产技术推广站还在基地以池塘流水槽养殖模式作为对照，对比池塘和稻田两种修复方式对养殖尾水的治理效果。池塘流水槽和稻田流水槽放养相同的品种、规格和密度，采取相同的饲料品牌和投喂方式，选择水质监测点，定期在现场用仪器对水温、pH进行检测（表7-6）。试验结果表明，在相同养殖条件下，稻田流水槽水体pH为7.5～7.9，较池塘流水槽水体pH8.3～8.9平均低0.8，更适宜水生动物生长，且高温期间，稻田流水槽水温较池塘流水槽低1℃左右。这说明稻田流水槽有改善水体pH和稳定水温的作用，可为稻田流水槽中鱼类和稻田中水生动物提供良好的生长环境。

表7-6　池塘流水槽和稻田流水槽水温、pH检测情况

监测参数	对比	7月26日	8月2日	8月9日	8月16日
水温（℃）	池塘流水槽	26.5	27.2	27.4	24.5
	稻田流水槽	25.7	26.3	26.9	23.1
pH	池塘流水槽	8.7	8.9	8.4	8.3
	稻田流水槽	7.6	7.5	7.8	7.9

2020年，开展“流水槽＋稻田”尾水处理技术模式试验期间，在“分散式”稻田流水槽的1号流水槽区域，设置流水槽尾部排水区和流水槽前部进水区2个监测点，主要监测水温、pH、氨氮、亚硝酸盐、总磷、总氮6个参数。其中，7月15日和8月28日监测的6个参数的数值见表7-7。

表7-7　“分散式”稻田流水槽尾水治理技术模式监测参数统计表（2020年）

时间	监测点	水温（℃）	pH	氨氮（毫克/升）	亚硝酸盐（毫克/升）	总磷（毫克/升）	总氮（毫克/升）
7月15日	排水区	26.7	8.4	0.39	0.01	1.03	1.64
	进水区	26.5	8.7	0.15	—	0.87	1.09

（续）

时间	监测点	水温（℃）	pH	氨氮（毫克/升）	亚硝酸盐（毫克/升）	总磷（毫克/升）	总氮（毫克/升）
8月28日	排水区	26.8	8.6	0.23	—	0.29	1.16
	进水区	26.6	8.7	0.15	—	0.09	0.85

注：表中“—”表示水体中的亚硝酸盐含量小于检出限0.01毫克/升。

参照SC/T 9101—2007中总磷（标准值：一级≤0.5毫克/升，二级≤1.0毫克/升）和总氮（标准值：一级≤3.0毫克/升，二级≤5.0毫克/升）的排放标准，养殖尾水在治理后的数值完全符合排放要求。该技术模式科学合理，尾水治理效果良好。

四、三产融合发展

宁夏广银米业有限公司是一家集粮食种植、收购、仓储、加工、销售和社会化服务于一体的民营企业。企业通过“公司＋合作社＋基地＋农户＋服务”模式，发挥龙头企业带动作用，以适度规模经营为切入点，以新型农业经营主体为支撑，以生产经营合作（农村土地股份合作）为主要方式，在不断做大做强有机水稻立体种养现代农业科技示范园区、大米加工生产和产品销售市场的同时，大力发展“互联网＋农业”、电子商务、粮食银行、现代休闲农业和农业社会化综合服务等，延长产业链条，实现了农村一二三产业融合发展，让农户更多分享二、三产业利润，提高了农产品附加值，培育了农村新业态，拓展了农民增收渠道，保障了农业的可持续发展。

（一）促进三产融合发展，带动农民增收

公司以“绿色生态、创新发展”为理念，在贺兰县常信乡四十里店村建设一二三产业融合发展示范园区。“一产”重点开展有机水稻立体生态种养、水稻工厂化育秧、旱育稀植栽培、钵育摆栽机插秧、有机肥施用、生物除草、农机农艺深度融合、绿色高产创建、“互联网＋农业”、质量可追溯等关键环节技术示范推广。“二产”重点开展粮食银行运营、粮食仓储，以及水稻加工、有机大米和休闲食品生产等。“三产”重点开展金融服务、土地入股、收储服务、农资植保、农机作业、农技服务、质量安全、电商销售、技术培训等社会化服务和休闲观光农业，不断延长产业链，挖掘农业生产潜力。

通过“一产”提质、“二产”带动、“三产”提效，形成了种植、养殖、加工、流通、电商、社会化服务等互相渗透、互相提升的一二三产业深度融合发展模式，实现农业提质增效，农民收入增加，每年带动 2 000 多农户增收 3 200 万元。

（二）打造“稻渔空间”，带动农民致富

为进一步开发农业多种功能，挖掘乡村生态休闲、旅游观光、文化教育价值，建设特色鲜明、形式多样的乡村旅游休闲农庄，推进农村一二三产业融合发展，公司依托农业原生态田园景观，形成 5 种功能板块区域，打造了“稻渔空间”生态休闲观光园，田园变成了公园，稻田变成了花园，创出了乡村振兴、乡村旅游的新模式。一是稻田景观图案（稻田画）观赏区。利用 5 种不同颜色的水稻插秧，在稻田中绘出鲜艳美观的图形、文字等图案，游客站在观景平台观赏、拍摄照片等，美丽的风景给所有的观光旅游者留下了深刻的印象。二是立体生态种养技术展示区。建设不同水稻品种种植区块，以及稻渔综合种养模式区块，制作图文并茂的展板，展示有机水稻种植现代生产技术，对游客开放参观，使其了解水稻立体生态种养生产的基本知识，以及渔业保安全、促增收的功能。三是瓜果蔬菜采摘区。种植小番茄、小黄瓜、草莓、西瓜、甜瓜、葡萄等各种瓜果蔬菜，供游客采摘，使游客参与瓜菜种植等农事活动，体验做“农家人”的乐趣。四是农耕文化科技展示区。融知识性、科学性、休闲性于一体，建设瓜果走廊、农耕机具长廊、农渔文化长廊、农渔科普画廊、田间玻璃栈道、乡村大舞台、农事展播等，展示农业生产知识，开展拓展、培训、联谊等特色活动。五是休闲娱乐及垂钓餐饮区。建设垂钓池、摸鱼池等，放养水产品种供旅客垂钓；建设中式风格竹木结构小餐厅、烧烤凉亭、秋千荡桥、卡通稻草人、泥塑平台，提供农户小吃、鲜活果蔬，让游客品生态美食、赏农家风景、享快乐生活。

“稻渔空间”生态休闲观光园主要包括景观稻田 300 亩，观光塔 2 座，观光长廊 1 800 米，有机瓜果蔬菜采摘区 50 亩，葡萄长廊 300 米，农耕文化科技展示长廊 500 米，玻璃生态餐厅 700 米^2，独立休闲木屋 15 座，稻田立体生态养殖观赏区 1 850 亩，农业物联网和产品质量可追溯信息平台等景观，以及儿童乐园、乡村大舞台、电商销售展示厅、停车场、游客服务中心等基础设施，集稻渔综合种养、特色农业生产、

休闲观光旅游、产品加工销售、科技培训、科普教育、农事体验、餐饮美食于一体，包含农牧渔、加工、餐饮、仓储、加工、金融、旅游等行业，满足了城乡居民休闲旅游的需求，每年旅游观光游客人数达到30多万人次，辐射带动农民致富500余户，仅第三产业收入每年可增加2 000多万元。

（三）组建社会化服务体系，服务农民

公司牵头成立了贺兰县优质水稻产业联合体，建设了农业社会化综合服务体系，为直接从事稻渔种养的新型经营主体和广大人民群众提供产前、产中、产后的方便快捷服务，切实解决社会化服务“最后一公里”问题。一是建立贷款担保基金。按照“政府基金＋联合体出资＋银行配比性放贷”的原则，县财政和联合体各出资400万元，设立产业发展基金800万元，合作银行放贷款8 000万元，解决成员单位融资难的问题。二是试行农村土地经营权入股。农户以土地经营权入股，经营主体组建土地股份合作社，建立“风险共担、利益均享”的分配机制，实现土地收益最大化。农民可以得到保底分红和二次分红，获得稳定收入，股权也可以继承，让农民吃上定心丸。企业以此壮大资产，抵押贷款，省去一笔担保费用，解决贷款难问题。农户可以在入股土地上进行长期投资，而无后顾之忧。目前，入股农户已达115户，土地面积达到1 512亩。三是开展产前、产中、产后生产管理服务。农机作业管理上实行统一安排、统一调度、统一供油、统一维护、统一作业标准的“五统一”服务，农资供应上实行统一品种、统一播种、统一施肥、统一田间管理、统一机械收获、统一销售的“六统一”服务，产品质量安全上实行基地种植、田间管理、投入品控制、加工销售等全过程质量可追溯信息网络体系监控，消费者购买产品时就能看到从田间到餐桌的全过程，实现生产记录可存储、产品流向可追踪、储运信息可查询。四是开展粮食收储服务。建设粮食银行，通过粮源集并、加工存储、现货销售、电子交易等业务联动，使粮食在公共物品属性的基础上发挥商品属性，减少农民储粮成本，规避粮食市场风险，实现市场一体化。农民将粮食存入粮食银行就成为联合体的会员，凭会员卡可以到联合体的各个服务网点兑换现金、大米、面粉和食用油等，还可以享受优惠的农资服务。五是创新销售模式。开展O2O销售，将线上线下销售高度结合，在北京、浙江设立外销窗口（线下体验店），配备微型碾米机提供现场加工、现场试吃、水稻种植基地在线视频展示，发挥O2O体验式消费的作用，加快推进产品品牌化。

在三产融合发展过程中，每年组织“春季农业嘉年华”“秋季稻渔丰收节”“稻蟹香·‘蟹王’争霸赛”“中国农民丰收节”等活动，邀请中央电视台农业频道《农广天地》《致富经》栏目，拍摄专题片和教学片，参加“中国国际现代渔业暨渔业科技博览会”推介宣传，打造“塞上江南、鱼米之乡”品牌，创建稻渔综合种养特色品牌，实现了农业增效、农民增收、生态文明、社会和谐，引领传统农业向绿色、生态、循环、高效的现代农业发展，为实施乡村振兴战略提供了有效的途径。

第八章 “集装箱+池塘”尾水处理技术模式

第一节　模式简介

“集装箱＋池塘”尾水处理是一种利用集装箱进行标准化、模块养殖和尾水处理的模式，是“分区养殖、异位处理”的代表模式之一，以定制的标准集装箱为载体，综合应用循环推水、生物净水、流水养鱼、鱼病防控、集污排污、物联网智能管理等技术，有效控制养殖环境和养殖过程，实施可控式的集约化养殖，实现资源高效利用、循环用水、环保节能、绿色生产、风险控制的目标。

在岸基上搭建集装箱式循环养殖箱进行养鱼，通过与池塘进行水循环，实现水体净化和水位平衡。水循环的开端，先用水泵（浮台式）将池塘中、上层富氧水不断地抽至循环箱中，并利用鼓风机曝气，提高箱内水体溶氧量，保障高密度养殖。在箱体内模拟仿生环流，保持最优流速，促进鱼健康生长。养殖产生的尾水经斜面集污槽排出箱外，保持箱内水质清洁。养殖尾水排出箱后，经固液分离装置过滤（120 目筛网，可去除 90％以上的大颗粒杂质，降低池塘水处理负荷，大幅延长池塘清淤年限），分离出的残饵、粪便可作为有机肥料；过滤后的水流入多级生态池塘，实现尾水净化处理。养鱼过程不接触池塘底泥，整个过程不再向池塘中投喂饲料，池塘底质不会腐败，可实现水源循环利用，此时池塘恢复为生态湿地功能。将集中收集的残饵、粪便引至农业种植区，作为植物肥料重新利用，实现生态循环利用。陆基推水集装箱式养殖示意图如图 8-1 所示。

集装箱式循环水养殖技术模式

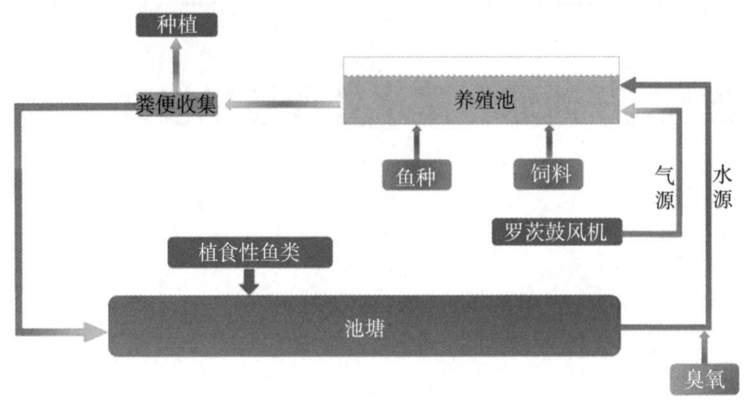

图 8-1　陆基推水集装箱式养殖示意图

第二节　技术原理

“集装箱＋池塘”养殖系统运行模式为“分区养殖、异位处理”。在岸基上搭建集装箱养鱼，用大面积池塘对集装箱养殖尾水进行净化。用水泵将池塘表层富氧水体不断地抽至集装箱内，利用鼓风辅助增氧。集装箱内设斜面集污槽，收集养殖固体废弃物。养殖尾水排出后，经固液分离装置过滤分离后，流入多级生态池塘，实现养殖尾水净化处理（图 8-2）。相比传统异位处理技术，该技术增加了集污和固液分离

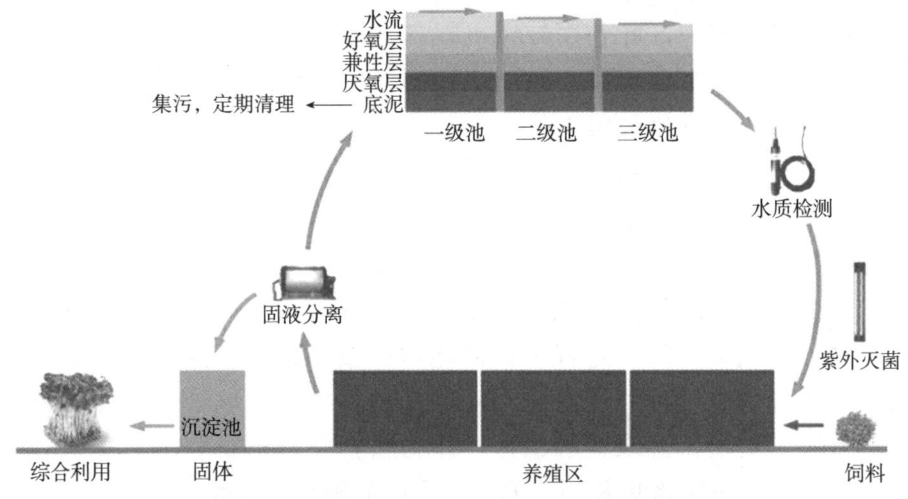

图 8-2　“集装箱＋池塘”尾水处理技术示意图

装置，使养殖对象和固体养殖废弃物分离成为可能。除此之外，该养殖系统还具有以下优点：①将鱼类聚集在一起实施高密度养殖，利于实时监测养殖对象摄食和健康状况，方便及时调整投食、增氧和用药。②实时固液分离，减少鱼类与养殖固体废弃物直接接触的机会，减小病害发生概率。③利用大面积池塘进行养殖水质处理，可以充分利用光合作用增氧，节约曝气增氧能耗。

第三节 技术要点

集装箱循环水养殖模式的技术特点：一是保持池塘与集装箱不间断地进行水体交换，常规 1/3 公顷池塘配 10 个箱（即 1/15 公顷池塘配置 2 个集装箱），每个集装箱平均每天可实现 2 次完全换水。箱体配有增氧设备、臭氧杀菌装置等，能够调控养殖水体，降低病害发生率。二是箱体内采用流水养鱼，鱼体逆水运动生长，符合鱼类生物学特性和生活习性，再加上定时定量投喂全价配合饲料，减少饲料浪费，饲料系数达到 0.9～1.2，成鱼品质较传统池塘明显提高。三是可将养殖废水进行多级沉淀，集中收集残饵和粪便并做无害化处理，去除悬浮颗粒的尾水排入池塘，利用大面积池塘作为缓冲和水处理系统，可减少池塘积淤，促进生态修复，降低养殖自身污染。该技术模式提出了“分区养殖、异位处理”池塘养殖转型技术方案，确立了“集装箱内集约化养殖、池塘转为生态水处理系统”的技术工艺，开发了环保型水性涂料，配套标准化模块化的成套装备。

一、三级生态池养殖尾水处理技术

三级生态池由一级沉淀池、二级沉淀池和三级曝气池组成，三级池塘比例为 1∶1∶8。一级沉淀池要比二级沉淀池高 20 厘米，二级沉淀池要比三级曝气池高 15 厘米，三级曝气池要比水泵进水区域高 5 厘米。根据三级生态池塘水位落差，池塘水体成为“活动”水体，流速为 0.01～0.07 米/秒，在出水口附近流速达到 0.5 米/秒。水流溢过潜坝处时流速较大，并带动周围水体运动，有效地避免了养殖水体蓝藻的大面积暴发；三级生态池采用有机物和总氮同步去除的好氧反硝化新工艺，在有氧环境下实现好氧反硝化，快速降低总氮，并促进有机污染物降解。通过氮脱除和有机物降解联合好氧反硝化工艺，使得总氮下降70%～80%、COD下降50%～60%；采用生物絮团原理，实现养殖水体中氨氮、亚硝酸盐氮等有害氮源的高效去除，排放物通过微生物二次利用进入生态系统，实现循环利用。

池塘每个月用二氧化氯、漂白粉、聚维酮碘、生石灰等消毒1～2次，消毒3天后用光合细菌、EM菌、乳酸菌等微生态制剂调水改底，如果水色较浓，pH较高，可用二氧化氯消毒调水3天后再用乳酸菌降pH。第三级池塘每亩放养鳙100～200尾，不养其他鱼类。池塘每1～3年冬季干塘清淤一次，保持塘底淤泥厚20厘米左右。用生石灰消毒杀死病原菌，晒塘晒至塘底干裂，池塘进水口安装密纱绢网，防止野杂鱼、鱼卵、蛙卵等进入池塘。塘底平整无杂草等。集装箱进水放苗前一周，将池塘消毒一次，调好水后再进苗。

二、残饵、粪污收集及资源化处理技术

残饵、粪污收集及资源化处理技术包括两类。一类是异位处理、资源化利用。采用排污井、吸污泵、集装箱斜面、固液分离装置等收集养殖过程中的残饵、粪污，经沉淀池脱水后发酵，资源化利用。另一类是原位多生态位利用。在主要鱼虾蟹池塘中，根据各地区的养殖环境和养殖水质特点，搭配贝类副养品种，既提高了主养对象的成活率，又提高了养殖的整体经济效益。同时，提高了池塘营养物质循环利用率，减少了养殖废水的排放，具有较好的生态效益。

该技术模式针对传统水产养殖尾水处理、达标排放等难题，构建集装箱养殖废物循环利用的机械收集、池塘三级生物处理和双碳源耦合系统。该系统三个部分既可以整系统耦合，也可以单独实用。首先，固体养殖粪污收集率可达50%以上。设计底部斜坡集污结构，结合水体力学形成环流，将箱体内的残饵、粪便固体颗粒在90秒内被推动至集污槽，将各箱集污槽中携带残饵、粪便颗粒的废水推送进入微滤机，微滤机装有120目过滤网目，可去除直径大于0.125毫米的固体颗粒（90%以上残饵、粪便颗粒物质直径大于0.125毫米），箱体出水口与微滤机有3米扬程，水体自流进入微滤机不需额外动力。微滤机最大水处理量150米^3/时，最大可处理7个养殖箱体废水。其次，在养殖尾水三级生物处理过程中，根据水质改良的“A2/O”法（厌氧—缺氧—好氧

法）原理，陆基推水集装箱式养殖系统中，经过微滤机处理过后的养殖尾水流入池塘并经过池塘的三级处理，养殖尾水以S形流过一级、二级沉淀和三级曝气池，最后进入集装箱进水区域。90%以上的残饵、粪便都通过微滤机的排污管流向塘边水泥沉淀池，少量残饵、粪便在一级沉淀池中。塘边水泥集污池和一级沉淀池的固体养殖粪污占总的养殖残饵、粪便的90%以上。

三、智能化水质监控技术

"集装箱+池塘"尾水处理，还配套了养殖过程水质管理、养殖尾水监测预警技术。整合溶解氧、pH、温度等实时在线监控设备及氨氮、亚硝态氮、总氮、总磷、COD等定期在线监控设备，采集养殖过程及尾水处理关键水质数据；采用无线传输、大数据模拟等构建池塘养殖水质预测预警规则数据库，建立池塘养殖智能监控相关的决策支持系统，集成养殖尾水物联网智能监控系统平台，实现池塘养殖生产和尾水处理的实时测控和在线智能化管理。

第四节 处理效果

该模式将物理净水与生态净水相融，通过粪污物理过滤和集中分离技术，可分离90%以上的残饵、粪污固体，通过池塘生态净水技术有效降低水中氨氮，实现高效经济净水；将生产和生态相融，集装箱养殖严格按照环境生态承载力规划生产，促进资源循环利用，能有效实现生态减排；将养殖与种植相融，将集装箱养殖与稻田综合种养和鱼菜共生等模式相结合，将养殖废水中的粪污变为种植的肥料，实现种养循环、资源综合利用；将养殖与休闲相融，通过将养殖池塘转化为生态净水湿地，发展科普教育文化，促进水产养殖生态化、景观化、休闲化，实现水域生态环境优美。

良好的尾水处理技术可提高养殖产量，单个箱体年产量最高可达3吨，比传统养殖池塘效率提高20～50倍。此外，养殖箱体模块化、易组装、可拆卸，养殖过程标准可控，大幅降低了劳动强度；通过物联网智能监控技术实现了水质在线监测和设备自动控制，实现生产精细化管理；通过以绿色品牌为导向，构建水产品质量安全追溯体系，实现产加销一体化经营。

此技术模式还体现了节地节水、生态环保、质量安全、智能标准、集约高效等优点。资源节约是集装箱养殖的最大优势，主要表现在“四节”。节地，较传统养殖可节约土地资源75%～98%；节水，较传统养殖可节水95%～98%；节力，较传统池塘养殖节省劳动力50%以上；节料，减少饲料浪费，提高饲料利用率。

第五节　应用范围

目前，“集装箱+池塘”尾水生态治理技术得到中央和各地政府的充分认可，一是将加强集装箱装备研究写入2019年农业农村部等十部委联合印发的文件《关于加快推进水产养殖业绿色发展的若干意见》；二是农业农村部立项设立行业标准《集装箱式水产养殖技术通则》和《集装箱式水产养殖生产操作规程》；三是广州观星农业科技有限公司（以下称“广州观星公司”）与全国水产技术推广总站共同发起成立了中国集装箱式水产养殖产业技术创新战略联盟，构建了政、产、学、研、推、用“六位一体”的联合推广机制；四是农业农村部立项“池塘养殖转型升级绿色生态模式示范项目”，在全国打造7个高水平的集装箱养殖示范基地。

另外，部分地区将推广集装箱养殖技术模式写入政府文件，部分地区开发出了新形式的养殖设施装备，提升了水产养殖设施化水平。广东省政府办公厅将大力发展“集装箱+生态池塘”集约化养殖与尾水高效处理等技术，作为提升水产养殖业装备水平的重要举措之一，写入《珠三角百万亩养殖池塘升级改造绿色发展三年行动方案》。广州观星公司研发出了罐箱式陆基推水设施，并得到专家认可。华中农业大学研发出了圈养式循环养殖装备，广西壮族自治区研发出了陆基高位圆池循环水养殖装备，依托这两种装备的技术模式都被农业农村部评为引领性农业技术并加以推广。

“集装箱+池塘”尾水生态治理技术在罗非鱼、乌鳢、加州鲈、草鱼等10多个品种上试养成功，在广东、山东、贵州、河北、江苏、安徽、西藏、湖北、广西、宁夏、北京等23个省（自治区、直辖市）以及埃及等“一带一路”沿线国家示范应用。经测产评估，在相同产量下，较传统池塘养殖节水95%以上，节地75%以上，节省人工50%以上，减少养殖用药90%以上，提高饲料效率6%～7%。如在广东顺德示范基地，4亩池塘配套28个养殖箱体。通过以企业为主体的规模化生产，达到了集装箱养殖成本与传统池塘养殖成本接近，基地粪污集中收集率90%，尾水达标排放率100%的效果，切实有效地保护了生态环境。“集装箱＋池塘”尾水生态治理技术适宜在全国传统池塘升级改造区推广。

第六节 典型案例

一、江西萍乡案例

（一）实施地基本情况

萍乡市百旺农业科技有限公司（以下简称“百旺公司”）成立于2015年，以农业绿色循环发展为主要方向，主营水产养殖、果树苗木种植等业务。百旺公司水产养殖板块于2018年开始升级换代，逐步淘汰传统的土塘饲养，在江西省率先引进新型集装箱水产养殖系统。该系统采用“集装箱＋池塘”的循环生物净化养殖模式，实现了养殖尾水的循环再利用（图8-3）。

图8-3 百旺公司基地实景图

（二）技术模式措施

百旺公司根据《淡水池塘养殖水排放要求》（SC/T 9101—2007），将养殖尾水处理循环利用流程分为5级。尾水处理流程如图8-4所示。

1. 固液分离装置及鱼粪收集池、溢水沟

固液分离装置及鱼粪收集池、溢水沟面积为0.5亩。建3个鱼粪收集池，安装2台用于固液分离的干湿分离器装置，2条尾水收集溢水沟，总长10米，规格为800毫米×200毫米的混凝土结构。分离后的粪污发酵后作为有机肥用于种植蔬菜，尾水通过水沟导入沉淀池。

2. 沉淀池

沉淀池占地面积为3亩，主要用于水体中悬浮物质的去除。沉淀池需增加水的缓冲，保证沉淀池布水均匀，防止出现短路流和死水区。同时，在沉淀池中布设生物吸附网膜，种植睡莲等浮叶植物，或布设生态浮床，稳定期覆盖面积不低于沉淀池的30％ 。

3. 曝气池

曝气池面积为3亩，主要是增加水体中溶氧量，加快有机污染物氧化分解。在曝气池内铺设抗菌纳米曝气增氧系统，保证池中溶氧不低于5毫克/升，其作用是对水中氨氮进行降解，氧化水质，还原水体活性。池周边采用混凝土结构，若底泥较厚，铺设地膜作为隔绝层，防止底泥污染物的释放。

4. 微生物净化池和水生植物净化池

微生物净化池和水生植物净化池进行合并，占地面积为8亩，主要利用不同营养层次的水生生物最大限度地去除水体污染物。水质用有益菌种调节，池内可种植沉水、挺水、浮叶等各类水生植物，以吸收净化水体中的氮、磷等营养盐（覆盖面积不小于生态池的30％）；适当放养滤食性水生动物。悬挂生物质网膜。

在沉淀池与曝气池之间、曝气池与微生物净化池和洁水池之间各建过滤坝1座，规格为长3米、宽1.5米、高2米。在三池之中及进出水口，分别设置溶氧传感器、温度传感器、pH传感器、摄像头等相关仪器，全程全方位地对养殖尾水进行水质监测。

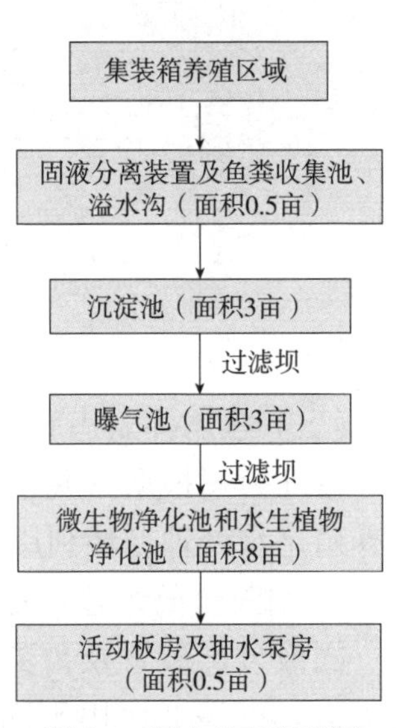

图8-4　尾水处理流程图

5. 活动板房及抽水泵房

岸边活动板房使用夹心彩钢材质，需包含门窗，具有防盗网，主要用于相关设施设备的操控。室内电源开关、插座、地板俱全，面积不低于10米^2，高度不低于2米，占地面积为0.5亩。安装功率大于4.5千瓦的抽水机1台，将净化池的达标水传送至养殖箱内处理后循环利用。

（三）处理效果

系统集合斜面集污槽、液面过滤排污口、开放式微滤机、臭氧杀菌、生物处理等一系列水处理系统，高效利用水资源，大幅降低养殖废水排放。水质指标监测结果表明，整个养殖周期养殖箱氨氮和亚硝酸盐指标显著低于池塘养殖，水质显著优于池塘。

二、湖北武汉案例

（一）实施地基本情况

武汉康生源生态农业有限公司（以下简称“康生源公司”）成立于2005年，位于武汉市东西湖区东山街巨龙大队。2018年，康生源公司引进农业农村部“十大引领性农业技术”之一的池塘集装箱生态循环水养殖模式，成为湖北省首家开展集装箱养殖的示范企业。该技术实现了养殖尾水零排放，提高了鱼的品质，推进了水产养殖业绿色发展。图8-5为康生源公司基地实景图。

图8-5 康生源公司基地实景图

（二）技术模式措施

康生源公司集装箱尾水通过自然跌落进入微滤机处理后，分两路进行水处理，主要通过现有三级生态塘处理回用，支路通过土沟流入葡萄园进行间歇式土地慢滤后汇入东部集装箱尾水处理系统，通过由现有3个养殖池改造的三级生态池进一步处理后回用（图8-6和图8-7）。

1. 微滤机

微滤机有一个鼓状的金属框架，转鼓绕水平轴旋转，上面附有用

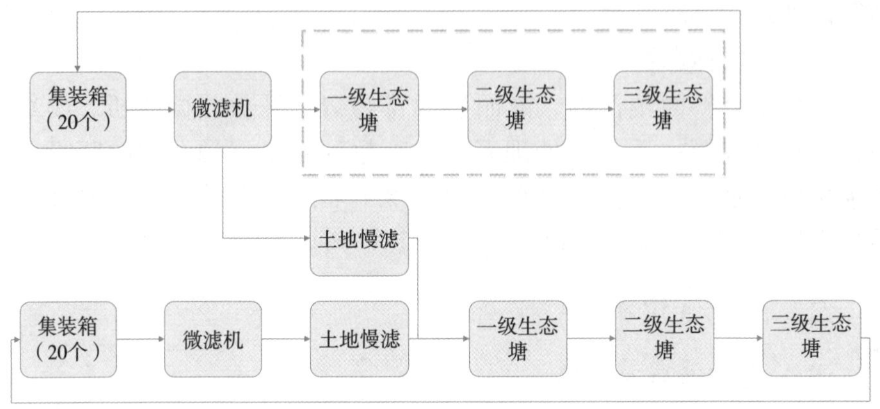

图 8-6　集装箱养殖系统工艺流程图

图 8-7　尾水处理示意图

不锈钢丝（也可以是铜丝或化纤丝）编织成的支撑网和工作网。微滤机结构精巧，占地面积小；带自动反冲洗装置，运行稳定，管理方便；设备水头损失小，节能高效。

2. 一级生态塘

根据尾水处理的脱氮除磷的工艺原理，对生态塘进行不同分段，以有效利用空间。一级生态塘的主要生化反应是产酸发酵和产甲烷，置于塘系统首端，将其作为预处理与兼性塘和好氧塘组合运行。其功能是利用厌氧反应高效低耗的特点去除有机物，保障后续塘的有效运行。一级生态塘占地面积 1 753 米^2，分为二级平流沉淀区、毛刷截留区 296 米^{2}和厌氧分解区。四周栽种挺水植物 661 米^2。

3. 二级生态塘

二级生态塘为好氧区，增氧设施处理效果好，能见度高，景观效果佳，有利于生态系统的构建，避免蚊虫滋生。二级生态塘占地面积 5 407米^2，配置微生物反应器 1 台，回转式鼓风机 1 台，人工浮岛（类型一）4 组，人工浮岛（类型二）2 组，人工浮床 2 组，接触式过滤模块 250 米^2。四周栽种挺水植物 2 073 米^2。

4. 三级生态塘

采用多种植物配比的方式，形成不同季节不同种类交替生长的净化区。三级生态塘占地面积 7 717 米^2，配置人工浮岛（类型二）35 组，人工浮床 28 组。四周栽种挺水植物 1 877 米^2。

5. 土地慢滤

利用葡萄园表层土地过滤，主要利用顶部的滤膜截留悬浮固体，同时发挥微生物对水质的净化作用，进一步去除水中的悬浮物、细菌、浮游生物等。

（三）处理效果

微滤机过滤掉部分鱼粪和残饵，多级净化池塘沉淀水中的悬浮物，水面种植水生植物以分解利用池塘中的氨氮和亚硝酸盐，生态沟渠增加了养殖尾水的流动距离，让沟渠里的土壤及水草吸收尾水中的氨氮，处理池内安装底增氧装置，使无光照时深水区有氧，有利于转化亚硝酸盐。此外，处理池培养生物絮团，增强了水体中氨氮、亚硝酸盐的处理能力。通过尾水检测仪器检测养殖尾水处理前后重要理化参数，通过水质在线检测设备实时检测养殖池塘水体温度、pH 和溶解氧，结果显示养殖尾水实现了达标排放。

三、安徽太和案例

（一）实施地基本情况

安徽有机良庄农业科技股份有限公司（以下简称“有机良庄公司”）成立于 2014 年，位于太和县国家级农业示范区核心区，企业依托新技术、新设备，以及企业的科研成果转化，首创了国内第一家受控式“鱼-菜生态循环”系统，实现了以集装箱为载体，以高密度、循环水为核心特色的养殖新模式，实现了养殖尾水零排放。图 8-8 为该基地现场图片。

图 8-8　有机良庄公司基地实景图

（二）技术模式措施

集装箱内的养殖废水在箱内气流和水流的带动下，集中汇集到集装箱内最底部的斜面集污槽，随水流排入主排水管内，通过24小时的不断进水排水循环交换，将箱内的粪便排出箱外，满足鱼类生长的水质要求，汇入主排水管的废水再流入干湿分离器，干湿分离器将废水中的粪便和其他固体颗粒物分离出来，收集在粪便池内。

干湿分离器处理过后的净水再流入一级沉淀池塘（长约160米、宽4.4米、深1.6米的沟渠），沟渠内种植荷花、生菜、水芹、水稻等植物，吸收消化水中剩余的有机物和氮磷化合物，沟渠内再修建几座挡水坝，高度逐级降低，使得水在经过这些水坝时呈瀑布状经过，增大水体与空气的接触面积，增加水中溶解氧。

一级沉淀池塘和二级沉淀池塘有20厘米的水位落差，二级沉淀池塘与三级沉淀池塘也有20厘米的水位落差，这样水在进入二级和三级沉淀池塘时也呈瀑布状流过，使得三个池塘的水都处于流动或微流动的状态，避免了池塘蓝藻的暴发，使水一直保持清爽状态。

二级沉淀池塘长80米、宽24米，种植水葫芦、水白菜等挺水植物，吸收水体中溶解态的污染物。浮床下面的毛刷填料和植物根系上附着的生长的微生物膜，可有效分解水体中溶解的氮、磷、有机质，实现水体净化。底部增氧的气泡与杂质颗粒相黏附，形成相对密度小于水、稳定性高的气固联合体，上浮形成浮渣被清理。

三级沉淀池塘长300米、宽35米。二级沉淀池塘与三级沉淀池塘之间建设拦坝形成落差，进一步过滤杂质。在三级沉淀池塘中养殖鲢、鳙等净化水质。水质经过处理之后，达到养殖标准（溶氧量大于6毫克/升、氨氮小于1毫克/升、亚硝酸盐小于0.02毫克/升、pH为7～8）后回流到集装箱。

由于前两级沉淀池只占三个池塘总面积的20%左右，尾水中未处理的粪便主要沉积在一级沉淀池塘和二级沉淀池塘中，清淤面积大大减小。在一级、二级沉淀池塘底部进行厌氧反消化后，在三级沉淀池塘通过滤食性鱼类进一步控制藻类和水质。经过一系列的逐步过滤处理后，再用水泵将优质的三级沉淀池塘水抽入养殖箱内，在水进入集装箱之前，再通过臭氧消毒杀菌，保证良好的养殖水质。

（三）处理效果

经多次系统优化后，在相同产量下，可节水50%～70%，节地75%～98%，节省人力50%以上，提高养殖饲料效率6%～7%，饲料系数1.2，养殖鱼成活率95%以上，单箱养殖产量达到3～4吨，水产品质量合格率100%，养殖产品品质明显提升。养殖过程中产生的“肥水”用于灌溉有机蔬菜，能满足蔬菜生长期的营养需求，节约了种植肥料成本，提高了蔬菜的品质，实现了养殖尾水的“零排放”和资源的循环高效利用，达到了生态与经济效益并举的养殖效果。

第九章 工厂化循环水处理技术模式

第一节　模式简介

工厂化循环水养殖又称封闭系统养殖，主要特征是养殖池排出的水经回收处理再循环利用。工厂化循环水处理是循环水高效养殖的核心和关键，处理工艺一般为沉淀、过滤、生物净化、增氧、调温、杀菌消毒等，再输入养殖池循环使用，部分尾水经处理后达标排放。该处理模式是通过对养殖用水进行物理过滤、化学过滤和生物过滤，并采用微滤机过滤、弧形筛过滤、泡沫分离、生物净化、杀菌消毒、脱气增氧等一系列处理后（图 9-1），把养殖系统中的有害固体物、悬浮物、可溶性物质和气体从水体中移出或转化为无害物质，并补充溶解氧，使全部或部分养殖水得以循环利用的处理技术，从而实现高密度养殖和全年、反季节生产。

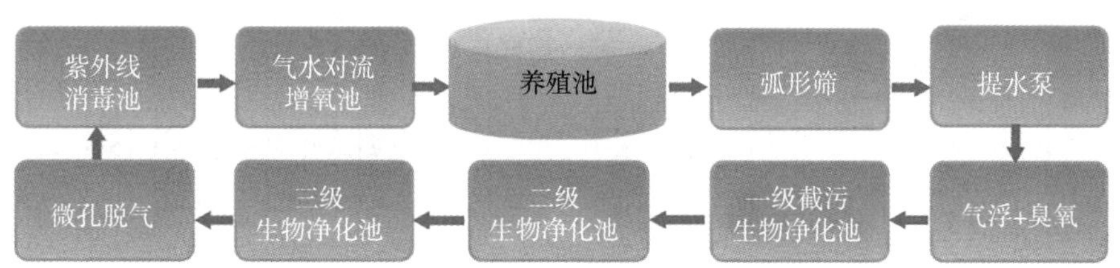

图 9-1　工厂化循环水处理标准化工艺流程

工厂化循环水养殖模式占地面积少，养殖密度高，节水、节能、高效，能够对养殖生产各个环节进行调控，可实现无药物生产，是可持续健康养殖模式；按照养殖尾水综合利用及达标排放的标准，能极大地减少养殖对环境的污染；集成工程技术、生物技术、水处理设备和信息智能化等多种现代化工业设备和技术，可以实现水产养殖从农业生产转为工业生产，是我国渔业现代化的必由之路。同时，循环水养殖模式也具有建场投资大、运行费用较高、养殖技术与生产管理要求严格等特点。目前，国内工厂化循环水养殖规模达 200 万米^2，涉及鱼、虾、参、贝等主要养殖品种，发展潜力巨大。本章所描述的工厂化循环水处理技术处理对象为封闭系统循环处理使用的养殖用水，不包括向系统外排放的尾水。

第二节　技术原理

工厂化循环水处理技术核心是营造适合养殖生物生长的生态环境。工厂化养殖尾水中含有的物质包括固体颗粒物、可溶性物质、病原微生物、气体等，循环水处理的目的是把养殖过程中排泄物及饵料残渣等污染物及时有效地去除，主要技术包括悬浮物去除技术、可溶性污染物去除技术、水体消毒与增氧技术（图 9-2）。对于颗粒悬浮物（残饵、粪便等），主要采用物理过滤方法去除，其中包括沉淀分离、微网过滤、介质过滤和泡沫分离等方式；对可溶性有机污染物和无机污染物，多采用生物膜处理、臭氧氧化等方法去除；对细菌、病毒等致病

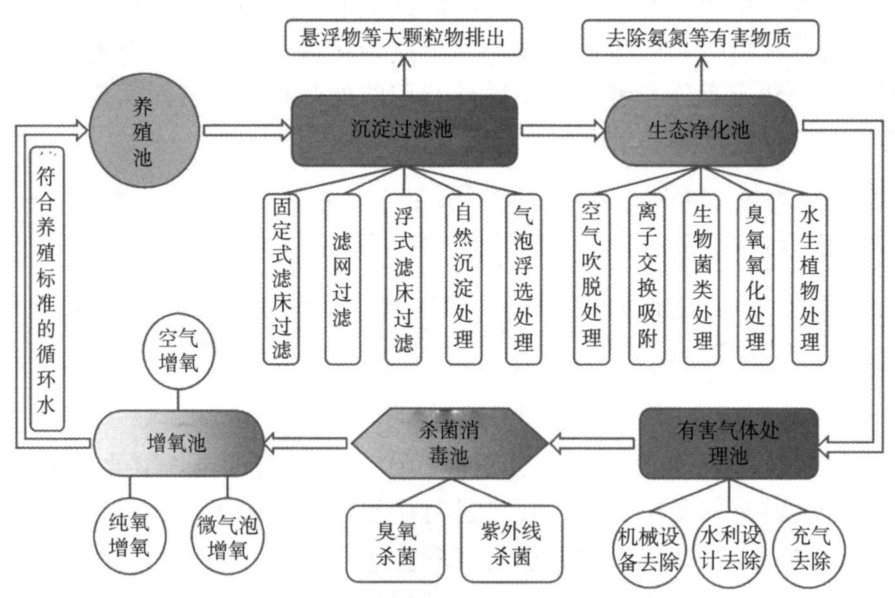

图 9-2　工厂化养殖循环水处理技术路线

微生物，主要采取紫外线或臭氧等杀菌消毒技术；为保障水体中充足溶解氧，还需采用充气增氧和纯氧高效溶氧等技术，必要时采取脱气装备脱去水体中的二氧化碳（CO_2）、硫化氢（H_2S）、氨气（NH_3）等有害气体（图 9-3）。

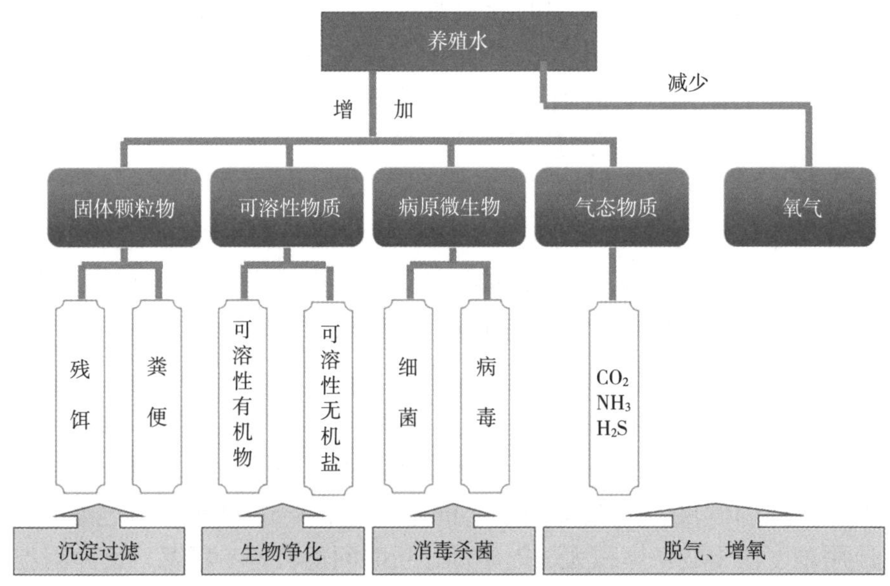

图 9-3　工厂化养殖尾水处理原理

第三节　技术要点

一、设计与构建原则

设计建造工厂化循环水处理系统主要本着三个原则：实用、节能、高效。实用就是要因地制宜，根据养殖场地的自然地理环境、技术力量状况、经济实力条件和要求，设计建造适合大规模生产、实用性强的系统工程。节能就是要把节水、节电、节热、节气作为系统设计的重要目标，贯穿到整个设计当中。高效就是要尽可能采用国内外先进的高科技技术与设备，实现高效养殖和水质高效净化。

二、水处理技术

（一）悬浮物及其处理技术

工厂化水产养殖中的悬浮物主要由饵料投喂引起。根据饵料投喂量的不同，其含量在5～50毫克/升。在饲料系数为0.9～1.0情况下，鱼体每增重1千克就会产生150～200克悬浮物。因此，作为循环使用的养殖水体，悬浮物在水中的积累是非常迅速的。

养殖水体中鱼类的固体排泄物在正常代谢的情况下，以悬浮物的形式存在于水体中。在流动的养殖水体中，悬浮物大部分以粒径小于30微米的颗粒存在于水中。悬浮物的密度略大于水，颗粒小、流动性好、有一定的黏附性，在有水流的条件下呈悬浮状态。从养殖水体中去除粒径在30微米以下的悬浮物，一直是工厂化水产养殖设计研究的重要方向。

养殖水体中的悬浮物的积累，使水体浑浊，影响养殖生物的呼吸，增加养殖环境胁迫压力，恶化水质、消耗水中的溶解氧。在工厂化水产养殖过程中，及时清除养殖水体中的悬浮物是非常必要的。

1. 固定式滤床过滤

一般由粗滤、中滤和细滤三层滤料组成。根据其工作水流的不同，可分为喷水式滤床和压力式滤床。固定式滤床可根据需要调整滤料的粒度和过滤层的厚度，过滤不同大小的悬浮颗粒，达到理想的过滤效果。其应用难度在于设备体积大、效率低、长时间运转容易堵塞、反冲困难。

2. 滤网过滤

滤网过滤是用细筛网进行悬浮物的过滤，主要有平盘滤网过滤和转鼓滤网过滤。其中，转鼓滤网过滤在不断过滤的同时进行反冲洗，过滤效率高、效果好，应用普遍。滤网的网目一般为30～100微米，可过滤36％～67％的悬浮物，网目越小过滤越彻底，但是网目小于60微米就会影响过滤性能。为了改善其过滤性能，增加过滤面积，防止堵塞，减小尺寸和反冲用水是未来研究的重点。

3. 浮式滤床过滤

浮式滤床利用比水密度小的塑料球作为过滤介质，在过滤过程中塑料球悬浮于水中形成过滤层。塑料浮球具有表面积大、吸附性强、过水阻力小的特点，形成的过滤层可有效过滤悬浮物。浮球直径为3毫米左右的滤床，可过滤100％的30微米以上和79％的30微米以下的悬浮物颗粒，获得良好的过滤效果。由于养殖水体中的悬浮物具有结块的特性，为了防止反冲时堵塞并获得较好的过流量，浮球生物滤器需要频繁反冲，增加了用水量和应用成本。为了改善其应用效果，必须进一步研究防止堵塞的结构和方法。

4. 自然沉淀处理

自然沉淀处理是应用鱼池特殊结构或沉淀池，使悬浮物沉淀、集聚并不断排出。设计良好的沉淀池可去除59%～90%的悬浮物，其中设计的关键是确定悬浮物的沉降流速。有资料表明，应用自然沉淀处理，过流流速应低于4米/分，适宜流速为1米/分；单位面积的流量为1.0～2.7米^3/（米^2·时）。自然沉淀虽然具有较好的效果，但是限制了水体循环的流量，从而使结构变得庞大，增加了成本。

5. 气泡浮选处理

气泡浮选处理的原理是通过气泡发生器持续不断地在水中释放气泡（直径为10～100微米），使气泡形成像筛网一样的过滤屏幕，并利用气泡表面的张力吸附水中的悬浮物。气泡均匀持续地与水体有效混合，可有效去除水产养殖水体中的悬浮物。气泡越小，效率越高。因此，研究产生微小气泡的发生装置是该项技术应用的关键。

（二）氨氮及其处理技术

工厂化养殖水体中的氨氮主要由于养殖鱼类的代谢、残饵和有机物的分解而引起。养殖鱼类排泄的氨氮中，只有7%～32%的总氮包含在悬浮物中，大部分溶解于养殖水体中，分别以离子铵和非离子氨形式存在，并且随着pH和温度的变化而相互转化。利用物理、化学和生物技术和方法，对循环水中的氨氮进行有效处理，是促进工厂化水产养殖的重要因素。

氨氮在养殖水体中的积累会对鱼类产生毒性作用，其中非离子氨对鱼类毒性作用很大。工厂化养殖水体的氨氮总量一般不应超过1毫克/升，非离子氨不应超过0.05毫克/升。由于离子铵和非离子氨在不同pH和温度条件下会相互转化，因此在控制养殖水体氨氮积累的同时，应注意根据温度的变化调节pH，从而使非离子氨保持在较低水平。

1. 空气吹脱处理

空气吹脱的原理是应用气液相平衡和介质传递亨利定律，在大量充气的条件下，减少了可溶气体的分压，溶解于水体中的氨穿过界面，向空气中转移，达到去除氨氮的目的。空气吹脱的效率直接受到pH的影响，在高pH的条件下，氨氮大部分以非离子氨的形式存在，形成溶于水的氨气：$NH_4^+ + OH^- \rightarrow NH_4OH \rightarrow H_2O + NH_3\uparrow$。

在 pH 为 11.5、水气体积比为 1∶107 的条件下，空气吹脱可去除 95%的氨氮，在正常养殖水体中也可获得一定的效果。空气吹脱应用的关键是 pH 的调整，使处理过程既能提高处理的效率，又能适应养殖鱼类对水体 pH 的要求。同时，空气吹脱需要空气的流量大，养殖水体的水温易受影响。

2. 离子交换吸附

离子交换吸附是应用氟石或交换树脂对水体中的氨氮进行交换和吸附。氟石的吸附能力约为 1 毫克/克，若设计适宜，可吸附 95%的氨氮，在达到吸附容量后，可用 10%的盐水喷淋 24 小时进行再生，重复使用。在工厂化养殖中应用氟石有较好的效果，但其再生操作烦琐、时间长。

3. 生物细菌处理

生物处理是利用硝化细菌、亚硝化细菌和反硝化细菌对水中的氨氮进行转化和去除。亚硝化细菌把氨氮转化为亚硝酸盐，硝化细菌把亚硝酸盐转化为硝酸盐。如果进行彻底脱氮处理，可利用反硝化细菌进行处理。由于反硝化过程是在厌氧条件下（溶解氧低于 1 毫克/升）进行，应用于水产养殖有一定的困难。研究结果表明，硝酸盐对鱼类的影响很小，一些养殖鱼类可抵抗大于 200 毫克/升的硝酸盐，因此，水产养殖水体的处理很少应用反硝化过程。生物处理具有投资少、效率高的特点，受到广泛的关注和应用。应用硝化和亚硝化细菌附着浮球进行氨氮处理，氨氮的转化率为 380 克/（米^3·天），饵料负荷能力为 32 千克/（米^3·天）。但是，硝化细菌的最佳生长温度在 30℃以上，温度降低时，其活性降低、处理能力下降，低于 15℃时已经很难利用。

4. 臭氧氧化处理

利用臭氧消毒和去除悬浮物在水产养殖上获得广泛应用，其也有一定的氨氮氧化效果。研究结果表明，臭氧的直接氧化可去除水体中 25.8%的氨氮，在加入催化剂的条件下，其氧化效率可大幅度提高。臭氧氧化氨氮的方法在水产养殖上还没有深入研究，利用催化方法提高臭氧氧化氨氮的效率，应用于养殖水体的处理，可为水产养殖的氨氮处理开辟新途径。

5. 水生植物处理

尾水进入水培蔬菜渠，利用植物或花卉的根系，形成独特的微生物生态系统，经济高效地去除养殖水体中部分氨氮、亚硝酸盐等有害物质。

（三）二氧化碳气体吹脱处理

工厂化水产养殖水体中的有害气体主要是鱼类代谢呼吸产生的二氧化碳，其以微气泡的形式存在于水中。水中的二氧化碳对鱼类健康非常有害，二氧化碳气体含量超过20毫克/升时，养殖鱼类就会产生气体压力反应，表现为向水面或增氧设备集中，摄食量明显减少。

在一定条件下，二氧化碳气体可与水结合进行可逆反应形成碳酸。碳酸是弱酸，也会降低养殖水体的pH，从而影响水质。碳酸极不稳定，在空气中很容易分解为水与二氧化碳。因此，采取措施使养殖水体充分与空气接触，可及时去除养殖水体中的二氧化碳。

1. 机械设备去除

利用增氧机或曝气设备，在养殖水体中形成上下交换的水流，使水体充分与大气接触，达到分解碳酸、去除二氧化碳的目的。

2. 水力设计去除

在设计过程中，回水管和回水槽间留有一定高度的落差，使水流在回水过程中充分暴露在大气中，分解碳酸，去除二氧化碳。

3. 充气去除

在水流通过的水道上设置微气泡释放装置，利用气泡相互积累的特性，使散布于水中的二氧化碳与释放的气泡结合，由气泡把二氧化碳带上水面，达到去除的目的。

（四）消毒杀菌

由于工厂化水产养殖密度高、饵料负载量大，鱼类的代谢在水体中富集了大量营养盐，为细菌的繁殖和生长提供了很好的环境条件，如不及时杀菌消毒，很容易发生疾病。在高密度养殖条件下，养殖病害发生后会迅速蔓延，给养殖生产造成灾难性的后果。因此，在系统设计中设置有效的灭菌消毒设备是十分必要的。消毒杀菌主要有臭氧杀菌消毒和紫外线杀菌消毒。

1. 臭氧杀菌消毒

臭氧是一种极不稳定的强氧化剂，在一定浓度下可破坏细菌、病毒和寄生虫的细胞膜，杀死病原。有资料表明，根据不同需要，养殖水体中含有0.1～0.2毫克/升的臭氧，持续1～30分钟就可以达到杀菌消毒的理想效果。臭氧还具有沉淀悬浮物和氧化氨氮的作用，如果能提高其综合利用效率，臭氧将会在工厂化水产养殖中得到广泛的应用。

2. 紫外线杀菌消毒

研究表明，一定波长的紫外线（180～300 纳米）具有很好的灭菌消毒效果。一般养殖水体中消毒的强度为 1.5 万～3.0 万微瓦/厘米^2，在紫外线强度为 3.0 万微瓦/厘米^2 时，紫外辐射消毒对几种常见鱼病具有良好的防治效果，如 100%杀灭对虾白斑病病毒需 2.67 秒，杀灭鲤科鱼类的水霉病和病毒性出血性败血症病原都只需 1.60 秒。有些研究进行了紫外线臭氧发生器的试验，在紫外线消毒杀菌的同时，产生一定浓度的臭氧，进行消毒和氨氮的氧化，达到了综合利用的目的。

（五）增氧技术

养殖水体的溶解氧是养殖鱼类赖以生存和处理设备中微生物生长的必备条件。在工厂化养殖系统中，鱼类正常生长的溶解氧应该达到饱和溶解度的 60%，或者在 5 毫克/升以上；当溶解氧低于 2 毫克/升时，用于工厂化养殖水体处理的硝化细菌就失去硝化氨氮的作用。一般情况下，工厂化养殖系统溶解氧消耗主要来自养殖鱼类代谢、代谢物的分解、微生物氨氮处理等，系统所需溶解氧根据所养鱼类的不同而有所变化，并随着养殖密度和投饵量的增加而增加。因此，在工厂化水产养殖的工艺设计中，要根据养殖对象、养殖密度、水体循环量等因素来确定增氧方式。

1. 空气增氧

由于各种增氧机械设备在工厂化养殖池中很难应用，因此，空气增氧多采用风机加充气器的办法，以小气泡的形式增氧。这种办法虽然具有使用方便、投资小的特点，但是增氧效率低，一般在 20℃时为 1.300 千克（氧气质量，下同）/（千瓦·时），28℃时仅为 0.455 千克/（千瓦·时），养殖密度也只能达到 30～40 千克/米^3。空气增氧又存在鼓风曝气增氧、水车式增氧、涌浪式增氧、叶轮式增氧等多种形式（图 9-4）。

2. 纯氧增氧

纯氧根据选择的方便性可分为氧气瓶纯氧、液体氧罐和纯氧发生器三种。无论采用何种纯氧增氧，像空气增氧中利用充气器的办法都是非常浪费的，最高只有 40%的纯氧可以利用，其余没有溶解的氧气逸出水面而浪费。因此，必须有专门的设备充分利用氧气。常用的办

（a）鼓风曝气增氧

（b）水车式增氧

（c）涌浪式增氧

（d）叶轮式增氧

图 9-4　四种空气增氧方式

法是压力过饱和法，即在高压容器里使水和氧气充分混合，在高压下使水体达到饱和浓度，释放到常压下的养殖水体，成为常压下的过饱和溶解氧水体，以分子的形式向周围水体渗透，达到增氧的目的。该方法使氧气的利用率达 90%左右，养殖密度可达 100 千克/米^3。

3. 微气泡增氧

微气泡增氧具有提高增氧效率和氧气利用率的特点。日本东京大学研究了利用超声波击碎小气泡的办法，可产生平均直径小于 20 微米的微气泡，增加了增氧处理的效率。但该技术依然具有成本高、技术复杂等问题。

三、水处理装备

（一）自动控制微滤机

微滤机是去除大悬浮颗粒、杂质的主要设备，去除率大于 70%。图 9-5 所示的自动控制微滤机主要部件采用 316L 不锈钢制作，适用于海水作业。滤鼓直径 1 400 毫米，滤鼓长度 1 700 毫米，过滤总面积

5.96 米^2，有效过滤面积 2.68 米^2，过滤精度 100 目，流量 400 米^3/时。其主要特点是将传统的单端传动改为中心轴传动，采用组合式无级变速器，增加了水位自动控制和反冲洗自动控制系统，达到了节水、节电的效果。该种微滤机转动平稳、噪声小、结构紧凑，大幅度提高了微滤机的使用寿命（是传统微滤机的 2 倍以上），大大地减少了维修和调整的时间。

图 9-5　自动控制微滤机

（二）蛋白质分离器

在水中的大部分有机物和蛋白质在分解成对养殖生物有害的 NH_3/NH_4^+ 等物质之前，蛋白质分离器（图 9-6）能将它们从水中分离出去，去除率为 70%以上。在泡沫分离的同时，向蛋白质分离器中加入臭氧（O_3），通过臭氧的强氧化作用，将 NH_3/NH_4^+、NO_2^- 等有害物质转化为对养殖鱼类无害的硝酸盐（NO_3^-）等物质，并可将部分 NO_3^- 转化成 N_2 排出，避免了 NO_3^- 的大量积累。

（三）高效过滤器

图 9-7（左）所示的全自动彗星式纤维滤料过滤器。彗星式纤维滤料为过滤填料，具有自动和手动两种控制模式，可根据生产实际情况灵活选用。其性能指标如下：滤速 80 米/时，浊度去除率 90%，反冲洗耗水率 1.9%，剩余积泥率 1.5%，粒径大于 5 微米的颗粒去除率 91%。

普通砂滤器过滤速度在 20 米/时左右，体积大、效率较低。图 9-7（右）所示的快速砂滤器直径为 1 800 毫米，采用石英砂单层滤料，石英砂粒径 0.8 毫米，滤料体积为 1.8 米^3；过滤面积 2.54 米^3；滤速 60 米/时，

图 9-6　蛋白质分离器

设计净水量150米^3/时，设计工作压强0.4兆帕；反洗水强度20～40米^3/（米^2·时），反洗水压强0.1～0.15兆帕，冲洗历时8分钟；反洗空气强度8～15米^3/（米^2·时），反洗空气压强0.03～0.07兆帕，冲洗历时5分钟；反洗耗水量小于2%。

图9-7 高效过滤器

（四）生物净化池（生物滤池）

生物滤池在工厂化循环水处理系统中是非常重要的设施，也是高密度养殖成败的关键。生物滤池的主要作用是去除水中的可溶性污染物。生物膜法是去除养殖水体中氨氮的最经济、有效的方法。图9-8所示的是采用两级生物净化处理的生物滤池，第一级采用块状复合净化填料，比表面积为200米^2/米^3，第二级微孔净水板为净化填料，比表面积为2 100米^2/米^3。生物滤池体积为100米^3（占养殖水体的1/10）。

图9-8 生物滤池

（五）高效溶氧罐

图 9-9 所示的高效溶氧罐直径 1 800毫米，流量 400 米^3/时。从制氧机出来的纯度大于 90%的氧气，通过安装在溶氧罐底部的文丘里增氧器进入气水混合室，混合室中装有塑料阶梯环，经高效溶氧罐增氧的水的溶解氧可达 10 毫克/升以上。在溶氧罐顶部设有尾气回收装置，对没有溶解的氧气进行回收利用。

图 9-9　高效溶氧罐

（六）分子筛制氧机

法国工厂化养鱼的一条成功的经验是充分增氧，他们用这一措施使全国的产量迈上一个新台阶。输入纯氧使鱼池溶氧达到过饱和，这时鱼的活动能力加强，食欲旺盛，生长速度快，既保证了体质健康，不易生病，又增加了机体的肌肉含量。目前往鱼池输入纯氧主要有两种形式：液氧、制氧机生产的氧气。图 9-10 所示的分子筛制氧机生产纯氧的浓度大于等于 90%，设备性能稳定，已在工厂化养鱼生产中推广应用。

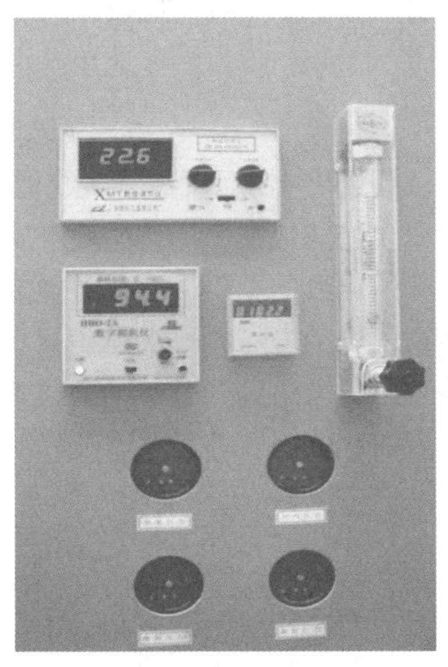

图 9-10　分子筛制氧机

（七）紫外线消毒

模块式紫外线杀菌装置是将数支高强度紫外线杀菌灯管组成模块，建成水渠，将灯管直接置于水中，可根据水流量大小设置模块的数量。其具有消毒能力强、成本低、易于安装维护、可远距离操作等特点。图 9-11 所示的模块式紫外线杀菌装置的主要技术指标：使用电源 220 伏，50 赫兹；使用杀菌灯管 30 瓦/支，40 瓦/支（德国产）；波长 253.7 埃；灯管使用寿命 1 万小时以上。

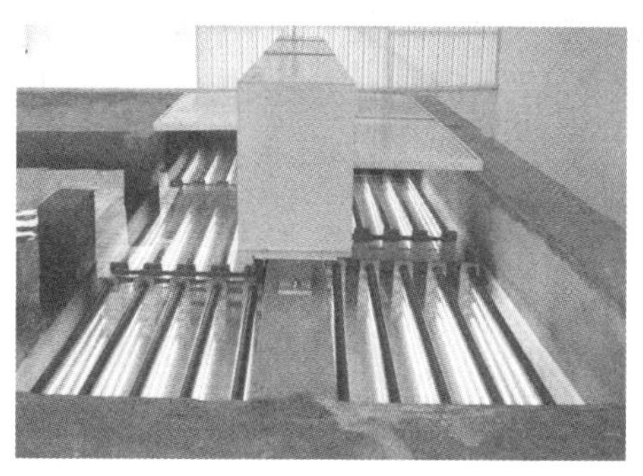

图 9-11　模块式紫外线杀菌装置

（八）臭氧消毒

臭氧处理具有消毒效果彻底，氧化分解可溶性有机物从而降低 COD 和氨氮，去除重金属离子，增加溶解氧等多种功能，因此在国内外水产养殖中应用广泛。从杀菌消毒的能力看，它几乎是最优的消毒方式。臭氧消毒杀灭病菌、病毒的效果很好，但是剩余臭氧即便是浓度很低也可对养殖鱼类产生影响，国内外专家在这方面做了大量的试验和研究。研究结果表明：①虾类比鱼类承受水中臭氧浓度的能力高。②鱼类一般在剩余臭氧浓度 0.03 毫克/升时就可轻微失去平衡，0.05 毫克/升以上浓度超过 24 小时就可死亡。③臭氧在海水中的半衰期为 20 分钟。

在海水养殖中如何应用臭氧消毒是一个值得重视的问题，因为已经出现过一些事故和损失。在生产实践中就有因臭氧使用不当毒死鱼的案例，造成一次性经济损失达数百万元，甚至还有养殖人员中毒的情况。目前降低剩余臭氧的方法主要有三种：活性炭吸附、紫外线照射和曝气。我国普遍采用曝气和紫外线照射相结合的方式来去除残余的臭氧。图 9-12 为中频臭氧发生器，主要技术指标：电源 220 伏，50 赫兹；臭氧产量 2 克/时；使用空气作为气源。该设备是引进国外先进技术开发的换代产品，产臭氧

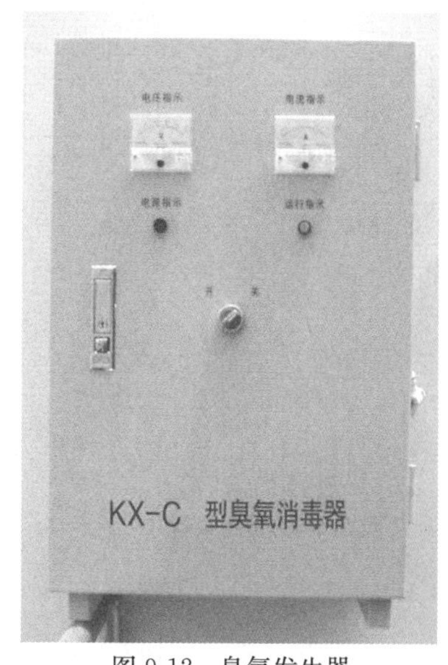

图 9-12　臭氧发生器

能力强、耗电量低、体积小、重量轻。

四、水处理工程设计

（一）工艺路线

工厂化循环水处理系统构建主要包括养殖车间、养殖池、水处理系统及水处理技术。我国海洋与陆地、南方与北方气候差异较大，温度、水质指标、养殖品种及其要求的生态环境各不相同，因而系统构建工程也各具特点。工厂化循环水处理系统的构建应根据建场海区的气候、环境条件等具体情况，养殖品种的生物学特性等因素，经过全面分析研究，按照实用、节能、高效的原则，采用先进的技术和设备，以营造最佳的养殖生态环境为出发点，并结合我国的国情进行设计和构建。工厂化循环水处理系统构建工程属于小型特种工程技术，它涉及海洋、生物、机电、仪器、水利、建筑工程及养殖技术等多种学科，构建时应以科研成果为基础，加强多专业多学科的联合，使构建的养殖体系技术先进、经济合理、生产管理方便，实现高效无公害生产。

经过反复试验和改进，系统优化工艺流程为养殖池→微滤机→高效过滤器→生物净化池→水温调节池→紫外线消毒池→高效溶氧罐→水质监测系统→养殖池（图 9-13）。从养殖池排出的水通过地下管道自流到微

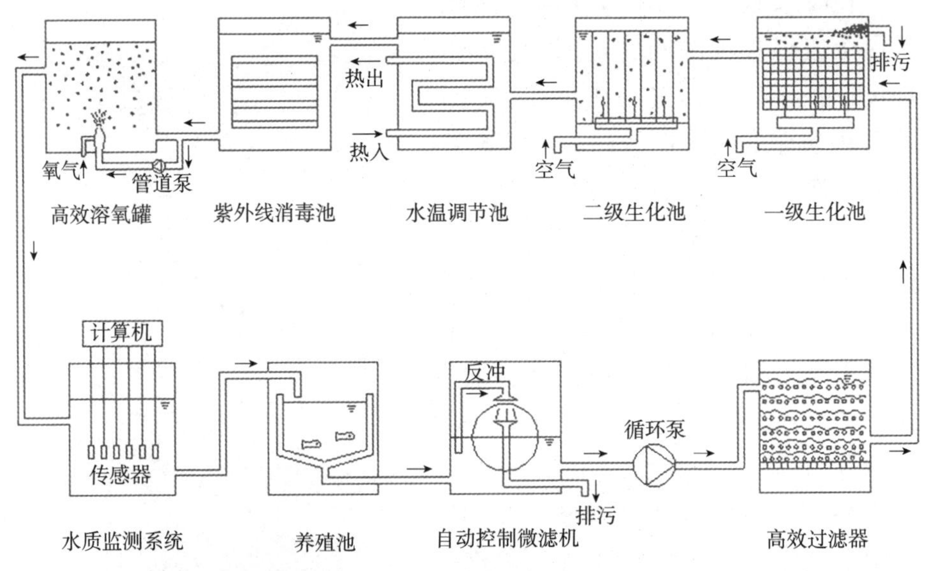

图 9-13　工厂化循环水处理优化工艺

滤机，去除部分悬浮物和固体杂质；微滤机安装在低位蓄水池上部，水流经微滤机后产生跌滤并充分曝气；由循环泵将低位蓄水池中的水输送到高效过滤器中，进一步去除微米级和纳米级悬浮物和胶质颗粒，减少后续生物净化工序的负荷；高效过滤器的出水直接被输送到生物净化池，主要目的是去除氨氮；根据需要向水温调节池中加入地下水，进行水温的调节；调温后的水经过模块式紫外线消毒池，进行杀菌、消毒；消毒后的水经管道自流到高效溶氧罐中，同来自制氧机的纯氧充分混合，使出水的溶解氧达到饱和或过饱和状态；连接在出水管路中的水质自动监测系统实时在线监测水质状态；处理后的达标水，沿封闭管道输送到养殖系统。根据养殖品种和水质条件等，可对该工艺流程进行适当调整。

（二）水处理系统的工程设计

根据已研究的工艺流程，系统工程中设计养鱼水面 1 000 米^2，养鱼池水深 0.8 米，有效水体 800 米^3，最大水循环量 400 米^3/时，单位时间的流量可调，循环水利用率 95%以上。

1. 高程设计

水处理室设计建筑面积 368 米^2，室内地坪相对标高为±0.00。低位蓄水池与水泵室低位设计，池底标高为－1.8 米。生物滤池高位设计，采用钢筋混凝土结构，池底标高为＋1.5 米，池顶标高为＋3.5 米，有效水体为 100 米^3，鱼池有效水体与生物滤池有效水体体积之比为10∶1。为尽量节约能源，系统工程水循环设计为一级提水，水泵将低位蓄水池的水经高效过滤器输送到高位生物滤池，生物滤池的水自流进水温调节池、紫外线消毒池、高效溶氧罐，溶氧后自流进养殖池，循环量的变化用开启水泵台数及阀门调节。该水循环系统节约能源，便于操作、管理与维护（图 9-14）。

图 9-14　水处理设备车间

2. 水处理室的平面布置

水处理室为单层结构，低拱形透光屋顶，屋梁下沿设计 PVC 扣板吊顶，并开 4 个采光中旋窗，屋顶和 PVC 吊顶之间留有一定的空气层。该屋顶结构具有抗风能力强、夏天隔热、冬天保温的优点（图 9-15）。水处理室外墙长和宽尺寸分别为 24.5 米和 15.0 米，东向方位，设施设备纵向平面分三排布置。靠东窗自北向南分别为水泵室、制氧室、罗茨鼓风机室等动力设备区。中排分别是微滤机、高效过滤器、蛋白质分离器、高效过滤器及溶氧罐。靠西窗一排是一、二级高位生物净化池、水温调节池及模块式紫外线消毒池。总控制室及工作室位于水处理室南侧。该平面布置有利于设备设施分类安装与管理，操作方便，并且室内条理整齐。

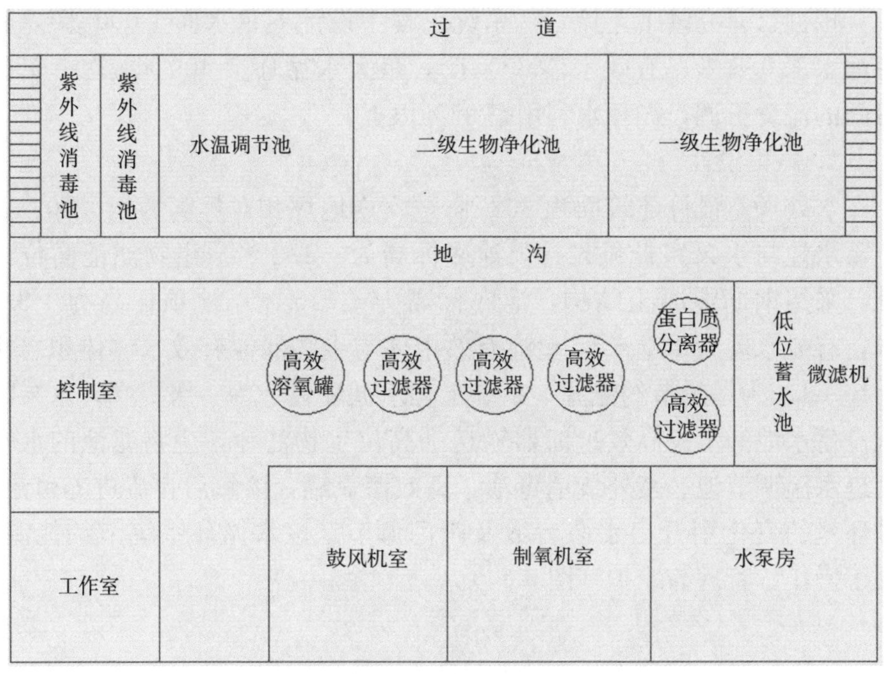

图 9-15 水处理室平面布置图

3. 循环系统水流状态设计

鱼池设计为圆形，两根进水管斜向插入水面以下，池底为锥形，中心排水，池内的水做圆周运动，靠近池底产生辐射流，具有清污的作用。鱼池排水至水处理室的低位蓄水池设计为明渠均匀流，具有增氧作用。低位蓄水池上部安装微滤机，水进入微滤机后，经过滤跌水落入池内，同样具有增氧曝气作用。一级生物滤池设计高位进水、低位排水，二级生物滤池设计低位进水、高位排水，水在生物滤池内做升降前进复合运动，该水流状态能使滤料表面具有均匀的水流，使水与净化填料有充分的接触时间，有利于氨氮的去除和泡沫分离。模块式紫外线消毒池设计为渠道式，分为两段，一段为高位进水、低位排水，另一段为低位进水、高位排水，水流状态同样是升降前进复合运动。该设计能延长水体的消毒时间，水流能均匀地流过消毒灯管，提高消毒效果，并方便设备的维修。溶氧罐流出高溶氧的水，经 PVC 管封闭输送到养殖池内，避免水中的氧气向空气中散发。

4. 配套水处理设备明细

配套的水处理设备相关型号、流量、数量见表 9-1。

表 9-1 配套水处理设备明细表

设备名称	型 号	流 量	数 量
自动控制微滤机	ZLW14-A	400 米^3/时	1 台
蛋白质分离器	HY863-50	50 米^3/时	1 台
高效过滤器	KSG-1800	200 米^3/时	3 台
高效溶氧罐	GXR-1800	400 米^3/时	1 台
分子筛制氧机	KDFO-6、ZY-6	6 米^3/时	2 台
中频臭氧发生器	KV-C	2 克/时	1 台
紫外线消毒器	ZHC30-15	400 米^3/时	1 套
立式离心泵	ISG100-125	100 米^3/时	5 台
立式离心泵	ISG65-160	50 米^3/时	1 台
立式管道泵	SG25-4-20	20 米^3/时	1 台
无油润滑空气压缩机	WW-1.8/7	1.8 米^3/分	2 台
冷冻式压缩空气干燥机	TCLF-2.0/10	2.0 米^3/分	2 台
罗茨鼓风机	L32LD	6.81 米^3/分	2 台

第四节 处理效果

一、鱼类循环水处理系统

（一）循环水处理工艺流程

循环水处理工艺流程优化设计：鱼池→封闭式全自动微滤机→循

环水泵→蛋白质分离器（加臭氧）→高位生物滤池→渠道式紫外线消毒池→换热器→管道溶氧器→鱼池。

补充水处理工艺流程：高潮海水→一级土质沉淀池（铺地膜）→砂坝过滤→二级沉淀池（铺地膜）→提水泵→砂滤罐→蛋白质分离器→高位生物滤池。

（二）水处理系统主要设施设备

水处理系统主要设施有四段流水式高位生物滤池、渠道式紫外线消毒池，主要设备有蛋白质分离器、封闭式全自动微滤机、管道溶氧器、循环水泵、板式换热器、罗茨鼓风机、砂滤罐（处理补充海水）、液氧罐（设在车间外）及水质监测显示系统。在车间内还设有工作室、器材室、化验室及水质监测室。

（三）水处理主要技术指标

主要水质指标：SS 小于 7 毫克/升，DO 大于 8 毫克/升，COD 小于 35 毫克/升，总大肠菌群小于 3 500 个/升。循环水频率为每 2～4 小时循环 1 次，养殖鲆鲽鱼类平均单位产量大于 30 千克/米^2。

二、对虾循环水处理系统

（一）循环水处理工艺流程

目前我国对虾养殖的品种主要有中国对虾、斑节对虾、日本对虾、凡纳滨对虾（南美白对虾）、长毛对虾、墨吉对虾、刀额新对虾、脊尾白虾等。传统开放式池塘养殖对虾病害严重，所以对虾健康养殖向两个方向发展，一是潮上带或潮间带综合生态养虾，二是陆基循环水高密度养虾。中国对虾、日本对虾、斑节对虾等因生活习性原因，较少采用工厂化循环水养殖方式，最适合工厂化高密度养殖的品种是南美白对虾。

循环水综合生态养虾系统的核心是水处理系统。封闭循环水养虾工艺流程优化设计一般为：对虾养殖池→沉淀分离池→砂滤池→综合生态养殖池→提水泵→高位生物滤池→ 对虾养殖池。

采用蓄水池向养殖系统中的高位生物滤池补充水，根据养殖规模大小，可布置一套或多套独立水处理系统，用于满足不同养殖品种的用水需求，并方便操作和管理。循环水养虾系统主要设施有对虾养殖池、蓄水池、生物滤池、沉淀分离池、砂滤池、综合生态养殖池等。

（二）水处理系统主要设施设备

1. 循环水对虾养殖池

对虾养殖池池形以长方形为宜，便于布置和节省用地。长宽比为(2～3)∶1，池塘面积为500～2 000米^2，水深1.8～2.0米，池壁坡度1∶(1.5～2.0)，池底坡度为1∶(1 000～2 000)，虾池宽边设进、排水闸门。建池的土壤若有一定的渗水性，则应采取防渗措施，可采用池底加防渗黏土或采用塑料地膜铺底方式。

2. 蓄水池

蓄水池的作用是为养虾场提供补充水，可采用水泵提水方式向高位生物滤池供水。蓄水池一般可修建为潮差式，水面面积与养虾池面积之比为1∶（1.5～2.0）。水量要求是蓄水池一次性蓄满水可供养一茬虾或多茬虾，整个养殖过程中封闭循环，水系统不再取用外海水，以切断对虾病毒的水平传播。小型养虾场也可以通过修建取水构筑物，如反滤层大口井、渗水形蓄水池等补充养殖用水，避免养虾过程不断取用外海水。

蓄水池在储水过程中，水面每天受到阳光的照射，阳光具有消毒杀菌的作用，风力的吹动使表面产生波浪，能使池水保持高溶氧，同时，池底土壤中又形成新的微生物及微藻种群，具有氧化池的净化作用。实践证明，海边修建的蓄水池只要不受外来污染物的污染，能常年保持良好的水质。

三、海参循环水处理系统

海参循环水养殖由于在冬季消耗热能较多，因此节能、降低生产成本显得非常重要。除设计节能型养殖车间外，采用循环水养殖也是节能的重要方式。养参池排出的温度较高的尾水经处理后循环使用，可大大降低海水升温的能耗。循环水养参设计主要围绕有效的水处理系统和节能型调温设施展开。

（一）水处理工艺流程

根据养殖海参的水质要求，优化的水处理工艺流程为：养参池排出尾水→沉淀分离或微网过滤→蛋白质分离器（加臭氧消毒）→生物滤池或综合生物滤池→紫外线消毒池→水温调节池→充气增氧→养参池。

（二）水处理设施设备特性分析

不管是多层流水养参池还是长圆形及方圆形养参池，排出的尾水都带有残饵和排泄物，需沉淀分离或微网过滤。沉淀分离池基本无运行费用，但去除效果不如微网过滤。微网过滤有弧形筛、管道过滤器、微滤机等方式。采用弧形筛污物，去除率不如微滤机高，但运行费用低；采用全自动微滤机，自动化程度很高，但消耗一定的动能。养参场应根据具体情况选用。

蛋白质分离器通过泡沫分离能去除水中小于30微米的微小颗粒和有机胶质。蛋白质分离器加臭氧消毒不但能杀灭细菌病毒，而且能去除可溶性有机物，增加水体溶氧，使水质清新，同时还能去除水系统中的二氧化碳，是循环水养殖海参不可缺少的水处理设备。

生物滤池通过生物载体附着的大量微生物吸收水中可溶性有机物，使水中氨氮大幅度下降。综合生物滤池养殖的大型藻类不但能吸收水中氨氮放出氧气，而且对养参水体具有调控作用。循环水养参水处理系统最好采用综合生物滤池，即建造独立的透光保温生物净化车间，白天池面阳光照射促进藻类生长，夜间采用启闭式天幕保温。综合生物滤池宜建长方形分段流水池，池内下层吊挂弹性刷状生物载体，上层吊养大型海藻，池底采用微孔管曝气，多斗排污。综合生物滤池的微生物和海藻共同净化、调控养参的水质。

渠道式紫外线消毒池是一种结构简单、操作维护方便的消毒设施，适用于循环水刺参养殖。

水温调节池是冬、夏季刺参循环水养殖不可缺少的设施，冬天采用锅炉升温，夏天采用海水深井水、制冷机等降温。

循环水养殖刺参一般采用充空气增氧方式，微孔管曝气器设在生物滤池的池底，曝气不但能增加水系统中的溶氧，而且能提高生物膜的活性。

循环水处理设施设备与养参池一般可布置在同一幢车间内，若生产规模较大，可建多幢一体布置车间，或建设独立的水处理车间分别向多幢车间分路供水，以方便使用与管理。

四、鲍循环水处理系统

自然海区鲍的栖息场基本位于周围海藻丛生、水质清新、水流通畅的岩石缝、穴洞、石棚等地方。鲍对养殖水质要求较高，所以循环水养鲍的水处理基本要求是水中微小悬浮物很少，透明度较高，水中可溶性有机物污染物含量较低，溶氧较高等。

（一）取水构筑物

目前我国南方和北方近海海区的水质都受到不同程度的污染，而养鲍的水质要求较高，为确保较好的水质，养鲍用水一般不直接取海区涨落潮水，应在海边修筑取水构筑物，如潮差蓄水池、反滤层大口井、渗水型蓄水池等。通过取水构筑物对外海水进行初级处理，再经养鲍车间水处理系统处理后输入养鲍池。

（二）循环水处理工艺

养鲍车间不论是多层流水池还是多层网箱流水池，都应设循环水处理系统，将流水池排出的废水经物理处理、生物处理、消毒、增氧后，再输送到养鲍池。优化的循环水处理工艺流程为：养鲍池排出废水→微网过滤→蛋白质分离器（加臭氧）→生物滤池或综合生物滤池→紫外线消毒池→水温调节池→溶氧器→养鲍池。

其水处理工艺与循环水养鱼基本相同，需重视的是臭氧消毒和生物滤池的设计。养鲍水处理系统中蛋白质分离器需定期开启臭氧消毒，与紫外线消毒相间使用，因为养鲍水处理系统的消毒是养鲍成败的关键。生物滤池最好设计为流水式综合生物滤池，滤池上部吊养大型海藻，下层吊装弹性刷状生物载体，池底设微孔管曝气和多斗排污。特别是要利用大型海藻处理和调控养鲍水质。

（三）循环水系统水温调控

养鲍车间若在夏、冬季都进行养殖运行，其循环水系统的水温则需冷、热调控。夏季调温方式主要采用海水深井水、全自动制冷机制冷等方式进行降温处理；冬季调温方式可采用淡水热水井、海水深井水、燃煤热水锅炉、海水直接升温锅炉等方式进行升温处理。

第五节　应用范围

一、系统集成优化

目前，国内外建造的循环水养殖系统的水处理工艺虽然多种多样，但是均采用了沉淀、过滤、气浮、生物净化、消毒杀菌、脱气、消毒等关键水处理技术。我国的循环水养殖起步晚，从“九五”至今，突破了快速过滤、生物净化和高效增氧三项关键技术，研发了一大批具有自主知识产权的水处理设备，并形成了针对不同养殖品种的形式多样的循环水处理系统。水处理工艺优化主要体系在以下三个方面：①节能优化。在不影响水处理关键环节和水处理效果的基础上，对主要水处理设备进行了节能改造和设施化改造。以无动力设备或低能耗设备取代高能耗设备，如以弧形筛取代滚筒微滤机，以低扬程变频离心泵或轴流泵取代潜水泵和管道泵，以气浮泵替代蛋白质泡沫分离器，以微孔曝气池取代脱气塔，以悬垂式紫外消毒器替代管道式紫外消毒器，以工业液氧罐取代分子筛制氧机，以气水对流增氧池取代管道溶氧器和锥式溶氧器，在最大限度地降低系统造价的同时，大幅降低了系统的运行能耗。通过合理的高程设计，采用一级提水后梯级自流完成养殖水在系统内的循环，大大降低了系统的水动力能耗。②水处理工艺优化。关键水处理环节都由多个部件协同完成，如固体颗粒物分离由弧形筛、气浮和生物净化池截留沉淀三部分协同完成，消毒由紫外线和臭氧两部分协同完成，脱气增氧由气浮、生物净化池曝气、微孔曝气池和气水对流增氧池四部分协同完成，有效地提高了系统的处理精度和抗风险能力。③功能优化。通过对生物净化池池底斗状排污槽和多孔管排污设计，使生物净化池具有截留沉淀功能，优化了生物净化池与养殖水体的配比、截污排污能力和养殖水在生物净化池内的流态，系统运行更加平稳。设计的新型回水装置，不但可以任意调节养殖池水位，而且使系统内任一养殖池都可以脱离系统外进行流水养殖，提高了系统多品种养殖的兼容性和系统的防病、治病功能。

中国水产科学研究院黄海水产研究所在前期工作基础上，从生产实践和广大养殖企业的实际需求出发，研发了节能环保型循环水养殖系统。该系统由弧形筛、潜水式多向射流气浮泵、三级固定床生物净化池、悬垂式紫外消毒器、臭氧发生器、以工业液氧罐为氧源的气水对流增氧池组成，具体工艺流程如图 9-16 所示。

根据养殖水的特点，水处理系统共分为固体颗粒物分离、生物净化、消毒杀菌、脱气、增氧和控温五部分。固体颗粒物分离由弧形筛（过滤 70 微米以上的固体颗粒物）、气浮池（分离 20 微米以下的固体颗粒物和水中的黏性物质）和生物净化池（截留沉淀 20 微米以上的固体颗粒物）三部分组成。固定床生物净化池以立体弹性填料为附着基。消毒杀菌采用紫外消毒与臭氧消毒协同作用。脱气由气浮、生物净化池曝气、微孔曝气池和增氧池四部分共同完成。增氧采用气水对流增氧，氧源为液态氧。控温由保温车间和水源空调共同完成。

通过对蛋白质泡沫分离器、高效溶氧器与脱气塔等主要水处理设备的设施化改造，以弧形筛替代微滤机、以气浮泵替代蛋白质泡沫分离器、以纳米增氧板替代高效溶氧器，优化了生物滤池结构，强化了生物滤池排污功能，增设了脱气池，不但大幅降低了循环水养殖系统造价与运行能耗，而且有效地提高了水处理能力和系统运行的平稳性、可操作性，具有造价低、运行能耗低、功能完善、操作管理简单、运行平稳等显著特点。该工艺在沿海循环水养殖企业进行了广泛的应用。

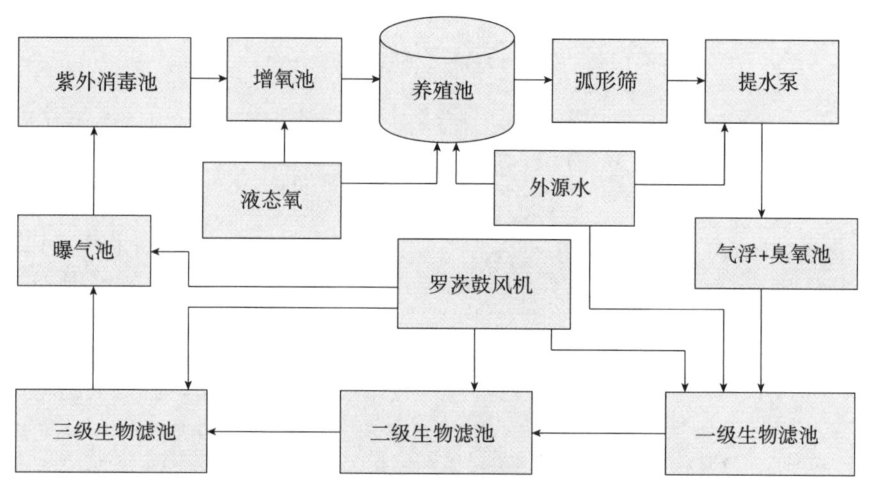

图 9-16 节能环保型循环水养殖系统水处理工艺流程

二、示范应用

“十二五”期间，中国水产科学研究院黄海水产研究所针对循环水养殖系统“构建成本高、设施设备间耦合性差，运行能耗高、稳定性差”等不足，研发了循环水养殖关键工程装备，构建了低成本、低能耗和高效率（“两低一高”）的节能环保型循环水养殖系统。该技术使循环水养殖系统的水循环频次提高到 1 次/时，水循环利用率达到 95% 以上，鲆鲽鱼养殖产量达到 40 千克/米^2，游泳性鱼类养殖产量达到 50

千克/米³，单位能耗比传统流水养殖降低17%～23%，是国外同类产品的1/5。自2011年开始，项目成果在辽宁、河北、天津、山东、江苏、浙江、福建、海南、新疆、安徽等省份建立推广应用基地25家（表9-2），涉及鲆鲽类、石斑鱼、红鳍东方鲀、鲳、大黄鱼、鲟等鱼类养殖品种，推广面积37.61万米²。项目组边进行技术研发，边实施应用推广，多区域、多方式地进行技术辐射和带动，应用项目成果企业数占全国循环水养殖企业总数的16%，面积分别占全国建设面积的33%、运行面积的59%，引领了我国循环水养殖产业的升级换代，实现了海水鱼类循环水养殖的产业化。此外，项目成果还在对虾、海参等养殖品种上进行了示范应用。

表9-2 主要应用示范基地

序号	示范基地名称	养殖对象	系统		系统运行与水质状况
			数量（个）	面积（万米²）	
1	大连天正实业有限公司	红鳍东方鲀	8	0.550	系统启动6个月以来，运行平稳，主要水质指标：DO大于6毫克/升，TAN小于0.5毫克/升，NO_2^--N小于0.3毫克/升，COD小于4毫克/升，水处理能力400米³/时，日新水补充量10%，单位产量35.4千克/米³，养殖成活率99%。运行能耗低于0.014千瓦/（米²·时）
2	汕头市华勋水产有限公司	卵形鲳鲹	1	0.020	运行能耗0.003 6千瓦（米³·时），水处理能力60米³/时，日新水补充量10%，水质符合渔业水质标准：SS小于8.5毫克/升，DO大于6毫克/升，单位养殖密度35.3千克/米³，养殖成活率95%
3	莱州明波水产有限公司（第一批）	半滑舌鳎、红鳍东方鲀	10	1.300	系统平均运行能耗0.021千瓦/（米²·时），半滑舌鳎养殖密度40千克/米³，红鳍东方鲀养殖密度40千克/米³；DO大于等于10毫克/升，NH_4^+-N小于等于0.15毫克/升，NO_2^--N小于0.02毫克/升，COD小于2毫克/升，日新水补充量小于等于系统水量的5%

（续）

序号	示范基地名称	养殖对象	系统		系统运行与水质状况
			数量（个）	面积（万米^2）	
4	山东东方海洋科技股份有限公司	鲆鲽类	1	4.00	残饵、粪便等颗粒有机物去除率60%以上
5	江苏中洋集团	暗纹东方鲀	1	0.294	DO 大于 6.5 毫克/升，TAN 小于 0.5 毫克/升，NO_2^--N 小于 0.1 毫克/升，SS 小于 10 毫克/升，COD 小于 10 毫克/升
6	烟台开发区天源水产有限公司（招远发海海珍品养殖场）	鲆鲽类、游泳鱼类	4（基地）	3.200	DO 大于 6.5 毫克/升，TAN 小于 0.4 毫克/升，NO_2^--N 小于 0.1 毫克/升，SS 小于 8 毫克/升，COD 小于 6 毫克/升。排放水水质指标：COD 小于 6 毫克/升，TN 小于 3 毫克/升，SS 小于 8 毫克/升
7	大连德洋水产有限公司	鲆鲽类	16	1.500	DO 大于等于 8.5 毫克/升，NH_4^+-N 小于等于 0.3 毫克/升，NO_2^--N 小于 0.001 毫克/升，COD 小于 5 毫克/升，SS 小于 10 毫克/升，杀菌率 98.4%
8	天津立达海水资源开发有限公司	鲆鲽类	—	1.560	DO 大于 5.6 毫克/升，TAN 小于 0.002 毫克/升，NO_2^--N 小于 0.001 毫克/升，SS 小于 3 毫克/升，COD 小于 2 毫克/升
9	天津市海发珍品实业发展有限公司	鲆鲽类	—	3.500	DO 大于 5.6 毫克/升，TAN 小于 0.002 毫克/升，NO_2^--N 小于 0.001 毫克/升，SS 小于 3 毫克/升，COD 小于 2 毫克/升
10	天津海升水产养殖有限公司	鲆鲽类	—	1.200	DO 大于 5.6 毫克/升，TAN 小于 0.002 毫克/升，NO_2^--N 小于 0.001 毫克/升，SS 小于 3 毫克/升，COD 小于 2 毫克/升
11	秦皇岛粮丰海洋生态科技开发股份有限公司	半滑舌鳎、红鳍东方鲀	40	3.000	减排养殖污水 9.5 万米^3/天，半滑舌鳎养殖 5.5 个月的平均体重 133 克，平均养殖密度达到 92 尾/米^2；红鳍东方鲀养殖 7.5 个月的平均体重 337 克，平均养殖密度达到 79 尾/米^3，生长速度优势明显，养殖密度较高

（续）

序号	示范基地名称	养殖对象	系统		系统运行与水质状况
			数量（个）	面积（万米^2）	
12	天津海升水产养殖有限公司	半滑舌鳎、红鳍东方鲀	14	0.900	系统设计合理、功能齐全，系统造价168元/米^2，运行能耗15瓦(米^2·时)，养殖期间养殖水的氨氮浓度0.2～0.4毫克/升，亚硝酸盐浓度0.01～0.02毫克/升，系统运行情况良好
13	山东潍坊龙威实业有限公司	大菱鲆	6	0.400	系统运行情况良好，杀菌效率99.9%。通过8个月养殖，大菱鲆平均体重370克（起始体重2～3克），养殖成活率达到89.2%，养殖密度27.7千克/米^2；日补充新水8%，饲料利用率98%
14	厦门小嶝水产科技有限公司	珍珠龙胆	2	0.190	养殖密度24千克/米^3，成活率达到98%，出水DO 6.21～10.04毫克/升，总氨氮0.019～0.79毫克/升
15	莱州明波水产有限公司（第二批）	斑石鲷、云纹石斑鱼、赤点石斑鱼、珍珠龙胆等	6	2.000	养殖成活率95%以上，养殖密度40千克/米^{3}以上

第六节　典型案例

一、莱州明波水产有限公司循环水处理系统

大连天正实业有限公司建立工厂化循环水养殖系统10套（图9-17），建筑面积1.3万米^2；系统平均运行能耗0.021千瓦/（米^2·时），半滑舌鳎和红鳍东方鲀养殖密度40千克/米^3；循环水养鱼主要水质指标：DO大于等于10毫克/升，NH_4^+-N小于等于0.15毫克/升，NO_2^--N小于0.02毫克/升，COD小于2毫克/升，日新水补充量小于等于系统水量的5%。

图 9-17 大连天正循环水处理系统

二、海阳市黄海水产有限公司循环水处理系统

对海阳市黄海水产有限公司原有石斑鱼养殖车间进行升级改造，建设了一套总面积 1 000 米^2、有效养殖水体 800 米^{3}的对虾循环水养殖车间。具体改造内容包括：①水处理系统。把车间南侧的两个养殖池池沿加高 1 米，变成两个水处理池，其中一个池子分隔成微滤机池、泵池、一级移动床生物净化池和综合调节池四部分，另一个池子分隔成二级固定床生物净化池、紫外消毒池和集中增氧池三部分，用直径 400 毫米的 PVC 管连通综合调节池和二级固定床生物净化池。②进排水系统。增添了各养殖池连通水处理系统的回水管道和净水管道，这里采用了工厂化循环水养殖系统专用回水装置、对虾循环水养殖系统养殖池虾壳和死虾快速分离与去除装置两项新设备。③充气增氧系统。为了满足对虾工厂化养殖对高溶氧和养殖池底质改良的要求，给车间配备了 2 台 3.0 千瓦、气压为 39.2 千帕的罗茨鼓风机，并在养殖池按照 1 个/米^{2}的密度布置了充气石。④加温系统。凡纳滨对虾的生长温度要求大于 25℃，工厂化养殖水温通常控制在 28℃，因此，在每个养殖池加装了加热管道，并配置了一台 1 吨的生物质锅炉。该系统因地制宜、

简单实用，提水泵扬程小于 2 米，大大降低了系统的运行能耗。该系统于 2020 年 9 月 12 号投入生产。

2020 年 9 月 12 日系统（图 9-18）开始运行，养殖水体 600 米^3，放苗密度 650 尾/米^3，养殖 108 天（至 2021 年 1 月 1 日结束）平均规格达到 62 尾/千克，养殖成活率为 87.7%，系统水循环率小于 2 次/天，日新水补充量≤3%，系统运行平稳。各项水质指标为：氨氮≤1.0 毫克/升、亚硝酸盐≤0.5 毫克/升、透明度≤30 厘米，可满足对虾高密度养殖需要，设计的养殖密度可到达 15 千克/米^3。构建了由养殖尾水固体颗粒物收集专用微滤机、截污生物净化池和氧化塘组成的尾水净化系统，该系统工艺设计合理，具有占地面积小、投资小、能耗低等优势。

图 9-18 循环水处理系统

第十章 水产养殖尾水处理技术发展趋势与对策建议

第一节　面临的主要问题

推动水产养殖转型升级、实现尾水达标排放的任务十分艰巨。《地方水产养殖业水污染物排放控制标准制订技术导则》出台后，各地将陆续出台养殖尾水排放地方强制性标准，会对水产养殖业产生巨大的影响。因此，以养殖尾水处理技术模式升级为突破点，全面提升传统水产养殖内源性和外源性污染防控能力，尽快实现养殖尾水循环利用或达标排放刻不容缓。水产养殖尾水问题的解决目前还面临着一些突出问题。

一、基础研究较少，技术支撑弱

我国水产养殖主产区主要分布在华南、华中、华东、西北等地，养殖大宗淡水鱼、特色淡水鱼、淡水虾蟹、龟鳖等40余种。我国水产养殖大发展起步于21世纪七八十年代，围绕苗种繁育、成鱼养殖等开展了大量研究工作，但缺少养殖水质调控与污染机制等方面的基础性研究。国外虽然有一定的水质调控理论研究，但是不符合我国水产养殖特点。随着养殖产量不断提升，养殖的生态环境问题日益突出，成为制约养殖发展的最大瓶颈。

二、设施设备落后，生产效率低

我国水产养殖具有“因水而建、因地而建”的特点，地域环境、养殖种类、养殖方式等差异大。多数养殖场所存在着设施设备破旧陈陋、淤积严重、水质恶化、尾水缺少处理等问题，缺少针对水产养殖水质调控、尾水处理等的高效设施设备，加之养殖生产以经验管理为主，养殖风险大，养殖生产效率低，无法满足现代水产养殖发展要求。

三、养殖模式粗放，经济效益低

我国地域辽阔，水产养殖遍布全国，但缺少针对地域特点、品种要求的绿色高效养殖模式，缺少精准管控、尾水处理、品质提升等技术，每年因养殖管理不当造成的养殖损失超过40%。此外，由于养殖水质不好，养殖水产品质不高、“土腥味”严重，养殖效益不高。缺乏根据池塘绿色高效养殖的环境要求，基于“养殖容量结构＋水质调控＋尾水处理”等核心技术的构建工艺、参数，以及形成的技术规程和行业标准，无法满足构建以“污染防控、品质提升、模式升级”为目标的绿色养殖模式的要求。

第二节　前沿与发展趋势

随着人们的环境保护意识和食品安全意识的加强，为适应现代渔业的发展要求，以绿色、低碳、高效、清洁、无公害、可持续等为主要特征，从源头上控制尾水排放的水产健康养殖模式逐渐成为21世纪世界渔业的发展主流。国际上普遍提倡和发展基于生态系统的新养殖理念，将生物技术与生态工程结合起来，广泛采用新设施、新技术，用节能减排、环境友好、安全健康的生态养殖新生产模式来替代传统粗放、高耗和污染型养殖方式。

进入21世纪以来，欧洲和北美国家设施养殖和生态利用技术获得了快速发展，并逐渐形成池塘养殖的替代技术，循环水、集约化养殖成为主流方向。欧洲、美国、日本等国家和地区经济实力较强，科学技术发达，材料先进，而且与集约式养殖有关的基础研究已有较高的水平。目前，法国、德国、丹麦、西班牙、美国、加拿大、日本和以色列等国家的循环水养殖技术体系建构基本完善，技术体系涵盖了生物工程、信息工程、养殖工程、环境工程和疾控工程等，有力地保障了水产养殖的发展。

“十二五”以来，我国的水产养殖通过不断调整产业结构，突破了多项养殖关键共性技术，建立了健康养殖模式。

在滩涂养殖中，多营养层次的综合养殖成为重要模式，筏式养殖及其机械化采收、多营养级养殖等形成优势。在浅海养殖水域，人工鱼礁、水下作业等设施设备发展迅速，部分成果达到了国际领先水平，形成了鱼、虾、贝、藻多样化发展格局。

在内陆养殖方面，基于生态工程化的池塘循环水养殖设施、设备被广泛应用，多营养级养殖系统、流水槽内循环养殖模式、集装箱养殖模式、池塘圈养模式、分级序批式养殖模式，以及渔农、鱼菜新模式等不断出现，水产养殖设施标准化建设进程加快，淡水池塘生态工程养殖技术体系进一步完善，水处理技术取得明显进展，养殖节本增效减排水平明显提高，全国范围内的水产健康养殖示范场（区）建设已经初见成效，成为我国水产养殖发展的新趋势。

在设施设备方面，集中投喂、高效增氧、底质改良等设备得到应用，池塘养殖的机械化、智能化水平不断提升高，物联网等信息技术已经应用于水产养殖生产活动当中，对养殖环境实时监控、养殖过程智能化管理、养殖对象行为视频监测，提供“气象预报式”信息服务等，实现水产养殖全过程监控和精准化管理。在工厂化养殖方面，高密度工厂化循环水养殖、生物絮团养殖、绿色工厂化养殖等设施系统等成为产业新坐标。

第三节　对策与建议

为满足健康养殖、尾水处理的需要，首先需要建立标准化、生态化、机械化、智能化的养殖模式，从源头上控制尾水排放；同时开展尾水处理的理论技术研究和高效设施设备开发，推广应用高效生态水处理技术工艺，建立相应管理体系。

一、科学规划养殖水域，开展尾水排放调查评估

全面落实养殖水域滩涂规划，与城乡发展总体规划、土地利用规划、环境保护规划等相关规划相衔接。以水产养殖主产区、池塘养殖大省和淡水池塘为重点，兼顾其他区域和海水池塘，整体规划，系统布局。对全国主要水产养殖场的外源水、池塘水、尾排水进行同期监

测，重点分析水质主要污染指标，评估水产养殖尾水对环境影响的程度。建立县—省—国家三级监测网络，建立全国水产养殖尾水动态监控平台，建立信息库和尾水污染信息发布制度。

二、因地制宜地实施尾水治理，分步推进治理规划

制订《水产养殖绿色生产操作规程》《水产养殖尾水处理规范》等规程、规范，加大培训和推广力度。对全国主要规模化水产养殖场进行标准化及尾水处理设施建设和改造，提升水质调控设施、设备的配置标准，建设养殖尾水排放处理设施等，促进水产养殖尾水排放符合环保要求。根据不同地域特点、池塘及养殖品种差异，按照实用、简便、美观、整洁等的要求，科学设计尾水治理模式，分类指导，有序推进。

三、依靠科技推进尾水治理，优化提升养殖设施系统

加大科技投入，重点研发养殖减排和尾水处理技术，开发节水养殖和水质调控技术及设施设备，研发具有较高实用性和经济性的一体化尾水处理装置等，实现水产养殖废弃物资源化利用。充分运用现代渔业科技和设施装备，建设高标准生态健康型池塘，使优良品种、先进养殖模式及技术得到更有效的推广和应用。切实改变重建设、轻维护现象，探索建立养殖池塘尾水治理改造和管理的长效机制，保证改造效果。

四、多元谋划资金投入，全面调动尾水治理积极性

充分发挥政府和市场两方面作用，各级政府重点支持基础性、公益性设施建设。充分发挥中央投资的引领作用，吸引社会资本投入，强化金融支持，构建多元化投入机制。创新投资管理机制，强化资金监管，提高资金使用效率。会同环保、财政部门出台政策、制订规范、建立考核制度，协同推进水产养殖尾水治理工作。鼓励养殖企业主动改造设施，加大尾水处理力度，将尾水达标排放作为综合考评内容进行奖补，对限期内达不到整改要求的责令关停。妥善处理水域滩涂养殖权所有者与承包经营者之间的权益关系，使各方在养殖池塘尾水治理改造中实现利益共享、互惠互利。

附　录　相关政策、法律法规、标准

1. 中华人民共和国环境保护法（2014 年修订）

2. 中华人民共和国水污染防治法（2017 年修正）

3. 中华人民共和国海洋环境保护法（2017 年修正）

4. 中共中央　国务院关于深入打好污染防治攻坚战的意见（2021 年）

5. 国务院关于印发水污染防治行动计划的通知（2015 年）

6. 关于加快推进水产养殖业绿色发展的若干意见（2019 年）

7. 生态环境部 农业农村部关于加强海水养殖生态环境监管的意见（2022 年）

8. “十四五”全国渔业发展规划（2021 年）

9. 全国池塘养殖尾水治理专项建设规划（2021—2035 年）（2021 年）

参 考 文 献

陈家长，何尧平，孟顺龙，等，2007. 蚌、鱼混养在池塘养殖循环经济模式中的净化效能［J］. 生态与农村环境学报，23（2）：41-46.

陈学洲，舒锐，谢骏，等，2020. “集装箱＋生态池塘”集约养殖与尾水高效处理技术［J］中国水产，8：67-70.

丁建乐，鲍旭腾，梁程，2011. 欧洲循环水养殖系统研究进展［J］，渔业现代化，38（5）.

冯敏毅，马甡，郑振华，2006. 利用生物控制养殖池污染的研究［J］. 中国海洋大学学报（36）1：89-94.

戈贤平，2009. 池塘养鱼［M］. 北京：高等教育出版社：4-5.

郭江涛，张超峰，王健华，等，2021. 郑州 168 池塘底排污生态养殖试验［J］. 中国水产（1）：101-103.

胡保同，1991. 综合养鱼技术讲座——基塘渔业［J］. 水产养殖，2：31-32.

黄国强，李德尚，董双林，2001. 一种新型对虾多池循环水综合养殖模式［J］. 海洋科学（25）：48-50.

金武，罗荣彪，顾若波，等，2015. 池塘工程化养殖系统研究综述［J］. 渔业现代化，42（1）：32-37.

乐佩琦，梁秩桑，1955. 中国古代渔业史源和发展概述［J］. 动物学杂，30（4）：54-58.

雷慧僧，1981. 池塘养鱼学［M］. 上海：上海科学技术出版社.

雷衍之，2004. 养殖水环境化学［M］. 北京：中国农业出版社：126-132.

李德尚，1993. 水产养殖手册［M］. 北京：农业出版社.

李谷，2005. 复合人工湿地-池塘养殖生态系统特征与功能［D］. 北京：中国科学院研究生院.

李怀正，章星异，陈卫兵，等，2011. 边坡人工湿地/水生植物塘集成技术处理水产养殖排水［J］. 中国给水排水，27（24）：56-59.

李秀辰，张国琛，聂丹丹，等，2007. 水产养殖固体废弃物减量化与资源化利用［J］. 水产科学（5）：300-302.

梁贺，陈金良，2022. 陆基集装箱养殖大口黑鲈技术［J］. 科学养鱼，4：45-46.

刘建康，何碧梧，1992. 中国淡水鱼类养殖学［M］. 北京：科学出版社：232-236.

刘健康，2002. 高级水生生物学［M］. 北京：科学出版社：128-149.

刘兴国，2011. 池塘养殖污染与生态工程化调控技术研究［D］. 南京：南京农业大学.

刘兴国，刘兆普，徐皓，等，2010. 生态工程化循环水池塘养殖系统［J］. 农业工程学报，26（11）：167-174.

马世骏，1985. 边缘效应及其在经济生态学中的应用［J］. 生态学杂志，2：38-42.

农业部渔业局，2016. 中国渔业年鉴［M］. 北京：中国农业出版社.

泮进明，姜雄辉，2004. 零排放循环水水产养殖机械-细菌-草综合水处理系统研究［J］. 农业工程学报，6（20）：237-241.

申玉春，2003. 对虾高位池生态环境特征及其生物调控技术［D］. 武汉：华中农业大学.

汪明雨，胡金春，叶霆，等，2021. 池塘底排污技术应用于草鱼精养模式的探索与研究［J］. 中国水产（10）：71-73.

王大鹏，田相利，董双林，等，2006. 对虾、青蛤和江蓠三元混养效益的实验研究［D］. 中国海洋大学学报，36（sup）：20-26.

王武，2001. 鱼类增养殖学［M］. 北京：中国农业出版社.

徐皓，刘兴国，吴凡，2009. 池塘养殖系统模式构建主要技术与改造模式［J］. 中国水产（8）：7-9.

徐皓，刘兴国，吴凡，2011. 淡水养殖池塘规范化改造建设技术（一）［J］. 科学养鱼（1）：14-15.

徐皓，倪琦，刘晃，2007. 我国水产养殖设施发展研究［J］. 渔业现代化，34（6）：1-10.

徐皓，倪琦，刘晃，2008. 中国水产养殖设施模式分析［J］. 科学养鱼，3：1-2.

杨勇，2004. 渔稻共作的生态环境特点［D］. 扬州：扬州大学.

姚宏禄，2010. 中国综合养殖池塘生态学研究［M］. 北京：科学出版社.

游修龄，2003. 关于池塘养角的最早记载和范蠡《养鱼经》的问题［J］. 浙江大学学报（人文社会科学版），33（3）：49-53.

张拥军，2013. 分区水产养殖系统［J］. 安徽农业科学，41（21）：8923-8925.

朱泽闻，舒锐，谢骏，2019. 集装箱式水产养殖模式发展现状分析及对策建议［J］. 中国水产，4：28-30.

Barry A. Costa-pierce，1998. Preliminary investigation of an integrated aquaculture-Wetland ecosystem using tertiary treated municipal wastewater in Los Angeles County，California［J］. Ecology engineering（10）：341-354.

Bott L B，Roy L A，Hanson T R，et al.，2015. Research Verification of Production Practices Using Intensive Aeration at a Hybrid Catfish Operation［J］. North American Journal of Aquaculture.

Boyd C E，1990. Water quality management for pond fish culture［M］. Elsevier Scientific Publishing Company：101-113.

Brown T W，Chappell J A，Boyd C E，2011. A commercial scale，in-pond raceway system for Ictalurid catfish production［J］. Aquacultural Engineering，44（3）：72-79.

Brown T W，Chappell J A，Hanson T R，2010. In-Pond Raceway System Demonstrates Economic Benefits For Catfish Production［J］. Global Aquaculture Advocate，13（4）：18-21.

Hillary S. Egna，Claude E. Boyd，1997. Dynamics of pond aquaculture［M］. USA：CRC PRESS：9.

James H Tidwell，2012. Aquaculture Production Systems［M］. Kentucky：USA：Wiley.

Jones，Preston，Dennison，2002. The efficiency and condition of oysters and macroalgae used as biological filters of shrimp pond effluent［J］. Aquaculture Research，33（1）：1-19.

Latt U W，2002. Shrimp pond waste management［J］. Aquaculture Asia，7（3）：11-48.

Lee P G，Lea R N，Dohmann E，et al.，2000. Denitrification in aquaculture systems：an

example of a fuzzy logic control problem [J]. Aquacultural Engineering, 23 (1-3): 37-59.

Lin Y F, Jing S R, Lee D Y, et al., 2002. Nutrient removal from aquaculture wastewater using a constructed wetland system [J]. Aquaculture (20): 169-184.

Phillips J B, Love N G, 1998. Biological denitrification using upflow biofiltration in recirculating aquaculture systems: pilot-scale experience and implications for full-scale [C] //Proceedings of the Second International Conference on Recirculating Aquaculture: 171-178.

Scheffer M, 2004. Ecology of Shallow lakes [M]. Dordrecht The Netherlands: Kluwer Academic Press: 31-47.

Scott D, 2001. Bergenetal design principles for ecological engineering [J]. Ecological Engineering, 18 (2): 201-210.

Sofia M, Michal T, Oriya N, et al., 2006. Food intake and absorption are affected by dietary lipid level and lipid source in sea bream (*Sparus aurata* L.) larvae [J]. Experimental Marine Biology and Ecology, 331: 51-63.

Steven T Summerfelt, Paul R Adler, D Michael Glenn, et al., 1999. Aquaculture sludge removal and stabilization within created wetlands [J]. Aquaculture Engineering (18): 81-92.

Wang J K, 2003. Conceptual design of a microalgae-based recirculating oyster and shrimp system [J]. Aquacultural Engineering (28): 37-46.

Zhou E H, 2016. In-pond Raceway Aquaculture Technology Expands [J]. Aquaculture Asia Pacific, 12: 24-26.

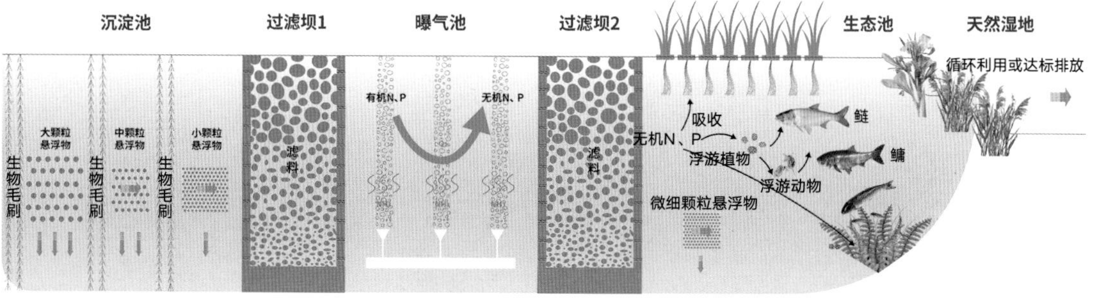

“三池两坝”尾水处理模式原理

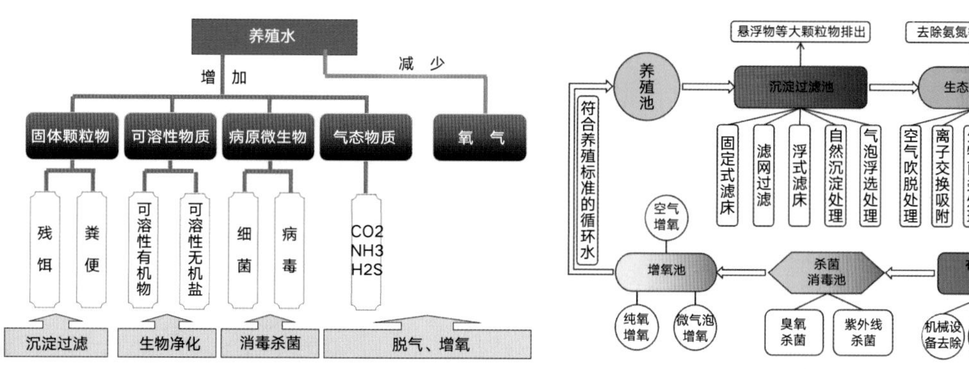

工厂化养殖尾水处理原理

工厂化养殖循环水处理技术路线

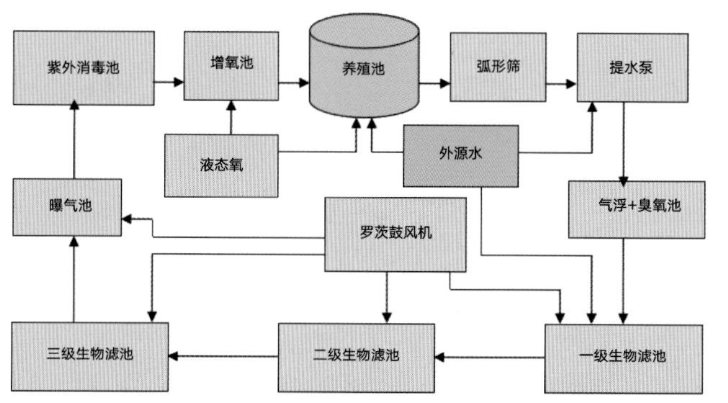

节能环保型循环水养殖系统水处理工艺流程

自动控制微滤机

快速过滤器

蛋白质分离器

高效溶氧罐

生物滤池

分子筛制氧

模块式紫外线杀菌装置

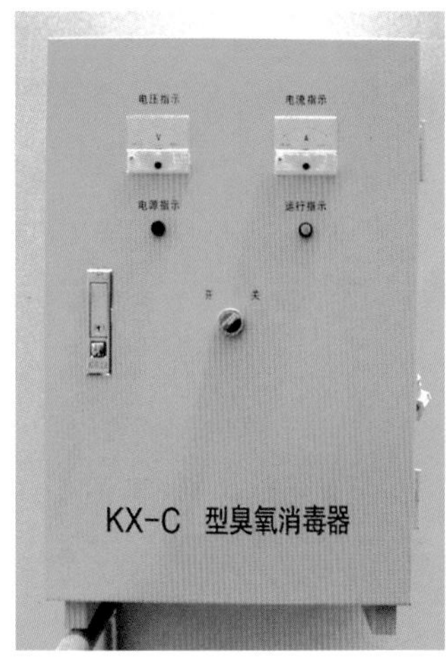

臭氧发生器

增 氧

水处理设备车间

某企业循环水处理系统

景观化尾水处理